小泉純一郎、最後の闘い ただちに「原発ゼロ」へ!

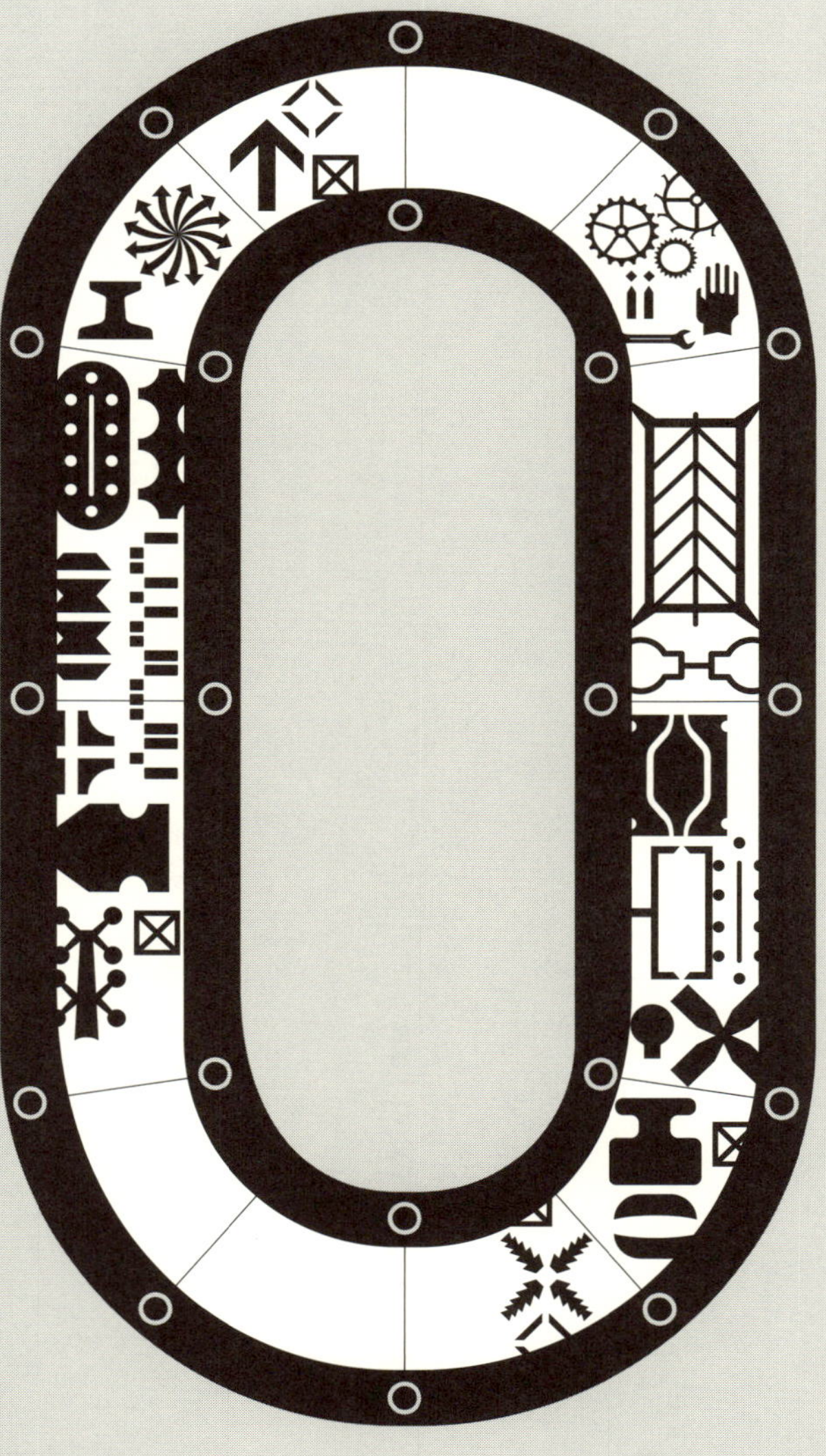

朝日新聞政治部
冨名腰隆・関根慎一

筑摩書房

装画：サダヒロ・カズノリ

プロローグ

退任後初のインタビュー

二〇一五年九月九日午後。台風一八号の影響で、関東地方には朝から激しい雨が降り続いていた。茨城県常総市で鬼怒川の堤防が決壊し、濁流が町を襲ったのは、翌日のことである。

東京・日本橋の三井本館にあるシンクタンク「国際公共政策研究センター」の応接室。私たち（冨《ふ》名《な》腰《こし》隆《たかし》、関根慎一）は緊張しながら、その人の登場を待っていた。

「はい、どうも。お待たせしてすいませんでした」

淡い水色のジャケットに黄色のシャツ姿。その人は、約束していた時間から一五分ほど遅れて現れた。

小泉純一郎元首相。髪の色こそ白くはなったものの、颯爽とした様子は首相時代と何ら変わらなかった。

私たちは、小泉首相番として政治記者のスタートを切った。一〇年前、郵政解散のころだった。当時の記憶がまざまざとよみがえってきた。

「あれは二〇〇五年八月八日解散で、九月一一日の投開票だったかな。夏場に全国を回った。そうか、もう一〇年か。ああいう政治は、今後もなかなか起きないだろうね」

「私もね、引退した身分だから表舞台に出て行くのはやめようと思っていたんだ。ところが「原発ゼロ」を掲げて、こうやって演説に飛び回っているのだからね。自分自身、まさかこうなるとは思わなかった。本当に不思議なもんだよ。ところで、私の講演はよく聴いてくれているようだね」

世間話を続けながら、内心では焦っていた。なぜなら、小泉氏がインタビューを受けてくれるのかどうか、この段階でもはっきりしていなかったからだ。どこで本題を切り出すべきか、タイミングを見計らっていた。

小泉氏もそんな空気を感じ取ったのだろう。こちらの機先を制するように本題に入ったのは、小泉氏の方だった。

「手紙の質問はよく整理されているね。これなら答えやすいので全部話そう。こうやってインタビューを受けるのは、今日が（首相を）辞めてから初めてだ」

一瞬、何が起きたのか分からなかった。

「いいんですか？　写真も撮っていいんですか？」

思わず聞き返した。

小泉氏は笑顔で一言、「いいよ」

私たちは、慌ててカバンの中からカメラとＩＣレコーダーを取り出した。こうして、〇六年九月に首相を退任してから初めてとなるインタビューが始まった。

川内原発の再稼働

なぜ、小泉氏にインタビューをすることになったのか。

それは、二〇一五年八月、つまり戦後七〇年目の夏が、日本にとって特別で、歴史に残る夏になるだろうという予感があったからだ。

安倍晋三首相は、最大の政治課題として安全保障法制の成立を掲げていた。前年の七月、集団的自衛権が行使できるよう憲法解釈を変更する閣議決定を行い、自衛隊などの海外での活動を拡大させようとしていた。

そのため、当初は六月二四日までだった通常国会の会期は、戦後最長となる九月二七日にまで延長された。例年なら八月に入るとガランとする永田町も、あちらこちらに議員の姿が見られた。

もう一つ注目を集めていたのが、安倍首相による戦後七〇年談話（安倍談話）だった。戦後五〇年の村山談話、六〇年の小泉談話をどこまで踏襲するのか、過去の談話と同じように閣議決定して政府の公式見解とするのか——。八月一五日前後の発表を控え、その内容は国際的にも注視されていた。

この二つの大きなニュースに隠れてあまり目立たなかったものの、着々と進められていたのが、川内《せんだい》原発一号機（鹿児島県薩摩川内市）の再稼働手続きだった。

九州電力は再稼働に必要な設備や性能の検査を続ける一方、七月に核燃料の搬入作業を終了した。重大事故を想定した訓練もトラブルなくクリアし、予定する八月一〇日の再稼働が目前に迫っていた。

私たち二人は、国会議事堂に隣接する国会記者会館で、川内原発再稼働に対するお互いの問題意識をぶつけ合った。

福島原発事故の前に五四基あった日本国内の原発は、二〇一二年五月までにすべての運転が止まった。その後、七月に当時の民主党政権が関西の夏の電力需要に対応するため、福井県の大飯《おおい》原発二基を再稼働させたものの、一三年九月には定期検査のため営業運転を停止した。

国内の原発が一基も稼働しない「原発ゼロ」の状態が一年一一ヵ月も続いていた。

一方、安倍政権は原発再稼働の布石を着々と打っていた。二〇一四年四月に閣議決定した新たなエネルギー基本計画で、原発を主要な電源の一つと位置づけ、原子力規制委員会の審査をクリアした原発から再稼働することを明記した。

また、規制委員会の審査を通った原発については「安倍首相が再稼働の是非を改めて判断することはない」（菅義偉《すがよしひで》官房長官）として、政治判断を差し挟むことなく、再稼働していく考えを示している。川内原発の再稼働手続きはこうした考えに沿って進められてきた。

政権のこうしたやり方に、私たちの疑問は尽きなかった。

例えば、川内原発のある九州には桜島（鹿児島県）や阿蘇山（熊本県）など、噴火活動を続ける活火山が多く存在している。川内原発の周囲一六〇キロ圏内にも五つ以上のカルデラがあるとされ、巨大噴火に伴う火砕流被害のリスクが最も高いとの指摘も専門家から出ていた。だが、巨大噴火への対策はあいまいなままだった。

さらに鹿児島県が予定していた原発事故を想定した避難訓練も、「検査で九州電力に余裕がない」（伊藤祐一郎鹿児島県知事）との理由から、再稼働後に先送りした。

行政の責任の所在についても、首をかしげる点が多々あった。

菅長官は、記者会見などで再三、「原子力規制委員会が科学的に審査し、世界で最も厳しいレベルの基準に適合すると認めた原発については、その判断を尊重する」としつつ、再稼働の最終責任者は「一義的には事業者（電力会社）だ」と繰り返してきた。

これに対し、規制委員会の田中俊一委員長は「絶対安全とは申し上げない」との委員会の立場を明確にしていた。万が一、再び原発事故が起きた際、その責任はどこに問えばいいのか。あの福島の大事故を経験してもなお、責任の所在があいまいなままなのである。

福島原発事故の法的責任は今もなお係争中で、結論が出ていない。東京第五検察審査会は二〇一五年七月、東京電力の勝俣恒久元会長と武黒《たけくろ》一郎、武藤栄の元副社長二人を業務上過失致死傷罪で「起訴すべきである」とする二度目の議決を行い、刑事裁判により責任が問われることになった。

東京地検は二度、不起訴処分（嫌疑不十分）にしたが、この捜査に関わった検察関係者は、こう打ち明ける。

「一五メートル級の津波への対策をとらなかったことが「義務を怠った」とまで認められず、いずれにせよあの津波は防げなかったという結論で我々は不起訴にした。ただ、果たして、当時の東電幹部たちがやるべき安全対策を尽くしていたのかどうかについては議論の余地がある。裁判を通じて、それを明らかにしていくことは、歓迎しないわけでもない」

安倍首相も、さすがに原発再稼働が内閣支持率に与える影響を気にしているのだろう。世論を刺激しない形での原発再稼働を模索してきた。

ある政府高官は、安倍首相が二〇一四年七月に集団的自衛権の行使を容認する閣議決定に踏み切った時点で、こんな感想を漏らしていた。

「仮に今回の閣議決定と原発再稼働が同時だったら、安倍政権の「政治的資産」は使い果たしてしまっていた。再稼働の時期はよくよく考えないといけない」

そうした観点に立つと、川内原発一号機が再稼働した二〇一五年八月一一日は、極めて絶妙なタイミングだったといえる。国政選挙がない年であり、連立政権のパートナーを組む公明党が重視していた統一地方選も四月に終わっていた。

八月一一日という日程も都合がよかった。

首相は毎年、八月六日に広島を、九日には長崎を訪問し、平和式典に参加する。原爆が投下された都市で、首相は「核兵器のない世界の実現に向け、努力を積み重ねていく」と宣言することが常となっている。「核兵器のない世界」宣言と、原発再稼働の順番が逆になれば、世論を刺激しかねない。

経済産業省の幹部は「再稼働の時期を政府がコントロールするなんてありえない。おかしな発想だ」と否定する。ただ、九州電力が政権への影響を考慮せずに選んだ日程とは、とても思えないのである。

こうした問題点を列挙する形で続いた議論。二人の思いは同じだった。

「こんなにいろいろ問い直すべき問題が山積しているのに、政治記者としての切り口で何か書けないだろうか」

ある人物の姿が脳裏に浮かんだ。それが小泉純一郎元首相だった。

小泉純一郎、最後の闘い　ただちに「原発ゼロ」へ！

目次

第二章 転機

第三章　原点

第四章　最後の闘い……145

インタビュー篇

第一章 「原発ゼロ」宣言

小泉氏への手紙

小泉純一郎元首相が、政府の原発政策に疑問を抱くようになった発端は、東日本大震災による福島原発事故だったことはすでに広く知られている。

震災発生から二カ月後には、早くも原発を維持することへの疑問を投げかけている。

二〇一一年五月二一日、加藤寛《ひろし》慶大名誉教授や竹中平蔵元総務相らとの公開セミナー。

「今後は原発への依存度を下げるべきでしょう。代わりに風力、太陽光、地熱などの自然エネルギーを促進すること。そうすれば地球環境問題にも貢献でき、エネルギー分野に新たな技術も生まれるはずです」

ただ、小泉氏の言動が注目を浴びるようになるのは、もう少し後のことだった。

そのきっかけを作ったのは、二〇一三年八月、毎日新聞のコラム「風知草」だろう。脱原発のドイツと原発推進のフィンランドを視察した小泉氏が、「原発ゼロしかない」と確信して帰国した様子を、山田孝男専門編集委員が小泉氏から聞いた話としてコラムで紹介した。

小泉氏は首相退任後、表舞台には一切出ずに沈黙を守ってきた。それだけに、政界関係者の間で大きな話題になり、小泉氏の真意をいぶかる声もあった。

一一月には日本記者クラブで記者会見し、ついに「原発ゼロ」を公式に宣言した。

「総理が決断すれば、原発ゼロ反対派も黙っちゃいますよ。安倍総理がゼロと言ったらね、それに盾突くのはほんの一握りでしょう」

ここから小泉氏は自らの言動のボルテージを一気に上げていく。二〇一四年二月の東京都知事選挙では、立候補した細川護熙《もりひろ》元首相を全面的に支援した。

そんな小泉氏の姿を目の当たりにし、総理番だった時の情景がよみがえってきた。一日二回の「ぶら下がり取材」。いつも五つほどの質問に小泉氏が答えた。

総理番は、どんな質問を、どのタイミングでするか、ということを日々考える。磨かれるのは質問力だけではない。最高権力者の表情や身ぶり手ぶり、口調などから、わずかに伝わる真意を読み取れるかどうかの洞察力など、新人の政治記者が権力とは何かを学ぶ貴重な場だった。

ちなみに、この「ぶら下がり取材」は菅直人首相が震災対応を理由に中断し、現在の安倍首相に至るまで再開されていない。首相にとっても、記者に毎日向き合うのはプレッシャーなのだろう。

私（冨名腰）は関根に提案した。

「小泉さんにインタビューを申し込むのがいいんじゃないかな」

だが、関根は「受けてくれますかねえ」と懐疑的だった。

実は私も、実現する可能性はほとんどないということが分かっていた。

小泉氏は「原発ゼロ」で発信を強めているとはいえ、首相を退いた二〇〇六年九月以降、新聞やテレビなどマスコミのインタビューをすべて断っていた。

小泉氏についてコラムを書いた毎日新聞の山田専門編集委員でさえ、正式なインタビューはできていない。山田氏はその経緯について、ジャーナリストの池上彰氏との対談で「緩めのオフレコだったと思います」と打ち明けている。

ただ、川内原発の再稼働を控えた時期だった。トライしてみる価値はあると感じた。

私は関根の背中を押した。

「とにかく手紙を書いてみよう。実現するか分からないけれど、ダメならそれまでだ」

関根が文案を練った。関根がこだわったのは、「短い文章にすること」だった。小泉氏は首相時代、官僚の長い説明を聞いたり、分厚い資料を読んだりすることが嫌いなことで有名だった。

こんなエピソードがある。ある政策について首相に直接説明する機会を得た官僚が、気合十分にA4で数十枚の資料を作成した。ところが、小泉氏はその紙を一度もめくろうとしない。

「総理、続きを読んでください」

官僚が思わずそう口走ると、小泉氏はこんな返事したという。

「難しい問題をさらに難しく書いている資料は、私は読む気がしない」

二〇〇六年の経済財政諮問会議でも、民間議員らのあまりに難解な経済成長率論争に業を煮やした小泉氏は、「国民に分かるように説明してほしい」と指示した。すると、与謝野馨経済財政担当相（当時）は「お母さん（純子さん）と息子（一郎）の会話」という問答集を用意した。

「お父さんとお母さんが借金をして、一郎に払えと言ったら、怒るでしょ」

「一郎のマンガ代みたいにムダな支出はやめなきゃ」

家計に例えながら財政再建の重要性を強調する内容に、小泉氏は「非常に分かりやすい。これをみんなに配ってくれ」と大いに喜んだという。

関根は、小泉氏が各地で続けている講演会を可能な限り取材してきた。その経験を踏まえたうえで、「川内原発再稼働を契機に、小泉氏の問題意識を紙面で伝えるためには、講演の内容を切り取って記事を書くのではなく、インタビューを掲載するのが最善であると考えました」と切り出し、質問のポイントを次のように箇条書きにした。

▽東京電力福島第一原発の事故をどう受け止めたのか。
▽首相時代に原発を推進してきた点について、自省しているか。
▽政権が進める原発再稼働に賛成か、反対か。
▽「原発ゼロ」はいつまでに、どのように実現すべきか。また、原発ゼロへの課題は、どう解決していくべきか。
▽安倍政権は新規制基準を「世界でも最も厳しい」とし、原子力規制委員会が「適合」と判断した原発の再稼働を認めている。責任の所在についてどう考えるか。
▽使用済み核燃料処分の困難さについて、視察経験も踏まえて教えてほしい。
▽政権は使用済み核燃料の処分地選定について、過去の手法を改め政府が適地を示す形を検討している。この方法は現実的か。
▽自民党は国政選挙の公約で、再生可能エネルギーを「最大限導入する」と明記してきた。一方で、安倍政権は将来のエネルギー構成で再エネの比率を「二〇三〇年に二二～二四％」とした。どう評価するか。
▽今年三月、歴代首相の会合で安倍首相に対し、原発問題について助言されたと講演で紹介していた。やりとりを詳しく教えてほしい。
▽持論である「原発ゼロ」を実現するため、今後どのように行動していくつもりか。

▽ご子息の小泉進次郎代議士とは、原発問題についてどのような意見交換をしているか。

手紙の内容は、私たちがかつて小泉氏の総理番だったということと、この質問だけだった。とはいえ、関根は一抹の不安も感じていた。

「こんなにもシンプルにしてしまって、果たしてうまくいくのだろうか」

なんとか熱意を伝えたい、という思いが強ければ強いほど、くどくどと説明したがるものだ。結果的にこのシンプルな内容が小泉氏の心を動かすことになるのだが、それは本人の口から聞かされるまでは知るよしもなかった。

手紙をどこに送ればいいのか、ということも悩んだ。

川内原発一号機の再稼働予定日はすでに一週間後に迫っており、一日でも早く小泉氏に読んでもらう必要があった。小泉氏が二〇一四年七月に名誉所長に就任した城南信用金庫のシンクタンク「城南総合研究所」がいいのか、進次郎氏の議員事務所がいいのか。

考えた末、神奈川県横須賀市にある小泉氏の自宅に速達で送ることにした。

手紙が届いているかを確かめるため、その翌日、関根が横須賀市に足を運んだ。

「もしかすると、本人に偶然会えて、直接、取材依頼ができるかもしれない」

そんな淡い希望を抱きつつ小泉邸にたどり着くと、そこに家屋はなかった。改修工事中だったのだ。転居先を突き止めようと聞き込みをしても、手がかりすらつかめなかった。関根は思わず叫んだ。

「失敗した！」

ついに再稼働

八月一一日、川内原発一号機が四年三ヵ月ぶりに再稼働した。

「プラント状態、異常なしを確認。引き抜き開始します」

午前一〇時半、九州電力の作業員が制御棒を抜き取るレバーを倒し、原子炉は起動した。三〇分ほどで核分裂反応が連続的に起きる臨界状態に到達した。

一年一一ヵ月続いていた、国内の原発が一基も稼働していない「原発ゼロ」の状況は、あっけなく幕を閉じた。

九州電力の瓜生《うりう》道明社長は「原子炉起動は再稼働工程の重要なステップの一つ。引き続き国の検査に真摯に取り組み、安全確保を最優先に今後の工程を進める」とのコメントを出した。

再起動のその時、安倍首相は夏休みで、山梨県鳴沢村《なるさわ》の別荘に滞在していた。夏休みに入る前日の夕方、首相官邸で記者団から「再稼働の受け止めを」と声をかけられると、首相は立ち止まって短く答えた。

「原子力規制委員会によって設けられた、世界で最も厳しい規制基準をクリアしたと規制委員会が判断した原発については再稼働を進めていくというのが、従来からの政府の方針であります。九州電力においては、安全確保を第一に万全の態勢で再起動に臨んでいただきたいと思います」

その「安全確保」が問われる場面は、すぐにやってきた。

再稼働から四日後の八月一五日午前、気象庁は鹿児島市の桜島に噴火警報を出し、噴火警戒レベルを三の「入山規制」から四の「避難準備」に引き上げた。

記者会見した北川貞之火山課長は「桜島では重大な影響を及ぼす噴火が切迫していると考えられ、厳重な警戒が必要だ。大きな噴石や火砕流に厳重に警戒し、避難などの対応をとってほしい」と呼びかけた。

鹿児島県が災害対策本部を設置し、政府も首相官邸の危機管理センターに情報連絡室を立ち上げた。

火山リスクは、川内原発一号機の再稼働に向けた審査の中でも、大きな議論になっていた。

一号機と桜島の距離はわずか五〇キロほど。過去に起きた巨大噴火で、火砕流が川内原発一号機の敷地まで到達した可能性について、九州電力も「否定できない」と認めていた。

ところが、新たな規制基準に基づいて半径一六〇キロ内にある三九の火山の影響を評価した結果、「桜島の火山灰が最大一五センチ積もる想定で対策を取れば安全性は保たれる」と判断した。

火山灰の重みで送電線が切れた場合に備えて、非常用発電機の燃料を備蓄することや、排気設備のフィルター掃除や交換の基準について定めた。ただし、巨大噴火の兆候があれば、原発の運転を止め、核燃料を運び出すとした。

「安全性は保たれる」とした九州電力の評価を危惧する声は、専門家から多く出ている。例えば、日本火山学会は二〇一四年一一月、「巨大噴火の予測と監視に関する提言」を出した。まとめの一文で、こんな警告を発している。

「噴火警報を有効に機能させるためには、噴火予測の可能性、限界、曖昧さの理解が不可欠である。火山影響評価ガイド等の規格・基準類においては、このような噴火予測の特性を十分に考慮し、慎重に検討すべきである」。

私たちは小泉氏からの返事を待ち続けた。川内原発が再稼働した一一日になっても、桜島の噴火警戒レベルが引き上げられた一五日になっても、返事はなかった。

「小泉さんにこだわりすぎましたかね……」

ため息をつく関根に、私も返す言葉がなかった。

「会おう」と返事

盆が明けた八月一八日朝、関根の携帯電話が鳴った。見慣れない番号だった。

「小泉事務所です。返事が遅くなりました」

事務担当の女性からだった。その説明によると、横須賀の自宅宛てに送った小泉氏への手紙は、次男である小泉進次郎衆議院議員の事務所に転送された。そこからさらに小泉氏が仕事用に使っている都内の事務所に届けられた。すでに夏休みに入っていたため、しばらく確認していなかったのだという。

ただ、肝心のインタビューの可否は、「これから小泉に見せますので、返事はもうしばらくお待ちください」とのことだった。

次の電話は、その一週間後にあった。

「小泉が「会おう」と言っていますので、日程の調整を……」

関根は胸の高鳴りを覚えつつ、慎重に聞き返した。

「「会おう」というのは、つまりインタビューとして取材を受けていただけるということでいいのでしょうか」

「いえ、小泉は「会おう」としか言っていません。そこは分かりかねますが、いずれにせよインタビューというものはこれまで一度も受けたことはありません」

日時と場所のみ約束を取りつけ、関根は電話を切った。とりあえず小泉氏に会えることにはなったものの、素直に喜ぶことはできなかった。インタビューに応じる可能性については、相変わらず悲観的にならざるを得なかったからだ。

小泉氏は政治家時代から明確でシンプルな発信に努めてきた。首相時代の連日のぶら下がり取材でも、やりとりは常にテンポよく、「ニュースに使いやすい」と感嘆するテレビ局記者の姿を何度も目にしてきた。「ワンフレーズ政治」「テレポリティクス」などと称されるゆえんだが、とにかく一発勝負に強いのが小泉氏の強みである。

加えて、小泉氏は場所がどこであろうが、相手が誰であろうが、発言内容にほとんど違いがないのも特徴である。オンレコとオフレコを使い分けないのだ。

永田町ではオフレコの場での軽率な発言が表面化して騒動になるケースがしばしばある。小泉氏は、オフレコを報じたこと自体に問題をすり替えて言い訳するような政治家とは対極に位置していた。「小泉にオフレコなし」。これは小泉氏を担当した経験のある記者たちの共通認識だった。

本人に会った際に、オンレコのインタビューに応じてくれるように直接交渉するという、出たとこ勝負しかなかった。

「もし拒否されたとしても、部分的にでも記事にできるようかけ合ってみよう」

私は前向きに振る舞ったものの、勝算はまるでなかった。

「今日が初めてのインタビューだ！」

九月九日。午後二時前、待ち合わせ場所の「国際公共政策研究センター」の応接室に通された。

このシンクタンクは、二〇〇六年九月に首相を退任したばかりの小泉氏を顧問として招いた。トヨタ自動車、キヤノン、新日本製鐵、東京電力の四社が設立発起人となり、国内の主要企業八〇社が約一八億円を出資した。

理事長は田中直毅氏。小泉氏のブレーンとして、政府の「郵政三事業の在り方について考える懇談会」座長や「郵政民営化委員会」委員長などを歴任した。代表幹事の奥田碩《ひろし》トヨタ自動車相談役、副代表幹事の御手洗冨士夫キヤノン社長兼会長は、いずれも日本経団連会長を務めた。つまり、小泉氏の行政改革を側面支援してきた財界人たちが駆けつけた格好だ。待ち合わせ場所に指定されたのが、このシンクタンクだったことは意外だった。小泉氏は二〇一四年の四月いっぱいで顧問を辞任していたからだ。

小泉氏が「原発ゼロ」を掲げて活動をスタートさせるきっかけは、一三年八月のフィンランド高レベル放射能廃棄物最終処分場の視察だった。この視察に同行したのは、シンクタンクのメンバーを中心に、三菱重工業や東芝、日立製作所といった日本の原発産業を牽引する企業関係者たちだった。

帰国後、東京都知事選での細川氏への応援や、一般社団法人「自然エネルギー推進会議」の設立など「原発ゼロ」運動を加速させた小泉氏が、原発を推進する財界と一線を画すために顧問を退いたことは容易に想像できた。

私たちは、まずは警戒心を解く必要があると考えた。カメラやICレコーダーどころか、ノートやペンさえカバンに入れたままで、小泉氏の登場を待った。そして、前述したように、私たちの思い描いたシナリオとは違う形でインタビューは始まった。

私たちはいくつかのポイントを念頭に置きつつ、慎重に質問を重ねていった。

まず意識したのは、小泉氏本人が話したがらないことを、いかに聞き出すかということだった。

「原発ゼロ」への思いは前提ではあるが、首相時代の小泉氏は間違いなく先頭に立って原発を推進していた。そのころの自分をどう捉え返しているのだろうか。

それに加えて、小泉氏は「首相が決断すれば、原発ゼロは今すぐできる」と主張するが、政治への働きかけは限定的と言わざるを得ない。二〇一四年の東京都知事選で細川氏の支援に回ったことを除けば、主たる活動は地道な講演活動のみである。

引退して五年以上経つとはいえ、多くの国民に強い印象を残している小泉氏がなぜ政治運動に向かわないのか。次男である進次郎氏との連携はないのか。政界復帰はないのか。尽きない疑問を率直にぶつける必要があった。

二つ目は、普段は話していない内容を、いかに引き出すかということだった。政治記者である私たちが、小泉氏に問わねばならないと考えたのは、「政治と核」の関係だった。

日本の原発は、第二次世界大戦後、政治主導でもたらされた。その先駆けとなったのは、中曽根康弘元首相だ。

一九五三年、アイゼンハワー米大統領が国連総会で「アトムズ・フォー・ピース（原子力の平和利用）」を唱えた時、三五歳の中曽根氏は「原子力は二〇世紀最大の発見。平和利用できなければ日本は永久に四等国に甘んじる」と感じたという。翌年、日本初の原子力予算を提案し、成立させる。五九年には岸信介内閣で科学技術庁長官として初入閣するなど、先頭に立って原発推進の旗を振り続けた。

同じく科学技術庁長官を務めた正力松太郎《しょうりきまつたろう》氏も、中曽根氏と二人三脚で原発を導入した人物である。読売新聞社社主、日本テレビ初代社長など戦後復興期の「メディア王」だった正力氏は、日本社会が原子力を受け入れる「世論対策」の役割を担った。

政治サイドが原発に熱心に取り組んだ理由を考えた時に浮かび上がるのが、核武装論である。核不拡散条約（ＮＰＴ）体制下で核燃料サイクルを認められているのは、国連安保理常任理事国以外では日本だけであり、核兵器の材料にもなるプルトニウムを大量に保有する国となっている。

これが「潜在的な核抑止力ではないか」との声は、国内外から出ている。中曽根氏も防衛庁長官時代の一九七〇年、私的に専門家グループを招いて核武装の是非を研究させていた。つまり、福島第一原発のような凄惨な事故を経験してなお、原発政策を手放さない日本政府には、「核抑止力」という問題が今なお見え隠れするのである。平和利用の副次的効果としての抑止力が仮に存在するのであれば、それを日本で語れるのは首相経験者くらいだろう。そう考えていた私たちは、小泉氏に質問を投げかけた。

これに対し、小泉氏は「武器にはなり得ない」と断言し、「そもそも核廃絶の時代だ」とつけ加えた。ただ、さまざまな角度から疑問をぶつけても、小泉氏は首相時代における「政治と核」の関係には言及しなかった。これは現在も残る私たちの宿題である。

三つ目としては、できれば原発政策以外のテーマについても話を聞きたいという思いがあった。

私たちが小泉氏に会った九月九日は、国会で安全保障関連法案の審議が大詰めを迎えていた。国会周辺にはデモに参加する多くの人が詰めかけ、法案への反対を訴えていた。テーマこそ違うが、それは小泉氏が目指す国民運動にも共通する姿であると、私たちは感じていた。さらに、その法案成立に突き進むのが、かつて小泉氏が自民党幹事長や官房長官として抜擢し、事実上の後継指名をした安倍晋三首相である。

安倍首相は前日に、小泉氏以来となる無投票での自民党総裁再選を決めていた。まな弟子の現状をどう見ているのか。政治記者としては避けられない質問だった。

小泉氏は、原発政策における安倍首相の評価については「彼も分かっていると思うが、原発推進派の影響を受けちゃっている」などと言及し、首相経験者の会合で直接持論をぶつけたエピソードも紹介した。だが、原発政策以外の話題については「今日は原発をテーマにというインタビューだから」とかたくなだった。

緊張感に満ちた時間は、あっという間に過ぎていった。気がつくと、インタビューは予定の六〇分を大きく超え、九〇分になろうとしていた。

小泉氏はまだまだ話し足りないように見えた。だが、最後はこちらの質問が尽きるような形でインタビューは終わった。

異例の見出し注文

私たちはインタビューの後半あたりから、どのような形で記事にするかについて考えを巡らせていた。この「特ダネインタビュー」を社内で事前に相談していたのは、南島《みなみしま》信也デスク一人だけだった。

問題はどのタイミングで、どんな扱いにするかだ。紙面は連日、戦後日本の安全保障政策の大転換となる安保関連法案の行く末を大きく伝えていて、スペースはほとんどなかった。

朝日新聞の場合、それぞれの記事の扱いや分量は、当番編集長をトップに毎日開かれるデスク会の議論で決まる。インタビュー終了後、私たちは小泉氏にその手続きを簡単に説明し、決まり次第、速やかに連絡すると伝えた。

「今日は事前の質問項目に沿って、うまく話ができた。そちらでまとめて整理してくれればいい。任せる」

小泉氏はそう言った後、少し考えて、こう続けた。

「インタビュー記事って、内容もそうだけど見出しがとても大事だと思う。もし私に見出しをつけさせてくれるなら、こうするんだけどな。「安全、コスト安、クリーン。全部うそ」「原発は環境汚染産業」。こう書けば、読む人も多いし反響も大きくなる。でも、激しすぎて編集者にカットされるかもしれないね、ハハハ」

「見出しは専門記者の役割ですが、意向は伝えます。ただ、「原発は安全で、コストも安い」と主張する人もいるので、そのあたりをどう考えるかでしょう」

私が答えると、小泉氏はさらに続けた。

「朝日新聞にそう主張してほしいということではない。私が言っているんだから、そういう形で書いてくれればいいんだ」

政治家や著名人のインタビューで、見出しを気にする人がまったくいないわけではない。しかし、見出しを「より激しくしてほしい」という、小泉氏のようなリクエストは、これまでの私たちの経験の中では一度もなかった。

言葉にこだわる小泉氏らしい注文だった。挑発的な「全部うそ」という言葉は、小泉氏自身に相当なこだわりがあるようだった。

「これは講演でも必ず言うようにしているんだ。会場では大きな反応が来るのに、やっぱり過激だと思われるのか、テレビも新聞も「全部うそ」はあまり報道しない。でも、決してやみくもに言っているわけじゃないんだ。本音を言うと、私の講演を聴いた原発推進派の人の中から「小泉さん、うそなんて言わないでください。安全も、コスト安も、クリーンも全部本当なんですから」と反論がこないかと毎回期待しているんだよ。推進派の電力会社の人だって、私の講演を聴きに来ているのは知っている。でも彼らは全然、何も言ってこない。無視するのがいいと思っているのかもしれないが、それが一番ダメだ。そう思わない？」

死のうは一定！

この日のインタビューは小泉氏にとっても、二〇〇六年の首相退任後初めてであり、興奮している様子は十分に伝わってきた。

インタビュー終了後もしばらく雑談が続いた。「最近読んで面白かった」という作家・広瀬隆氏の書籍、講演でも好んで話す「憲政の神様」こと尾崎行雄氏のエピソード……。

私はふと、聞き忘れていたことを思い出した。

「そういえば、この国際公共政策研究センターの顧問はもう辞めていますよね」

「ああ、「原発ゼロ」の運動をやっていくのだから、迷惑かけちゃいけないというのもあって辞めた。自分の事務所を借りたんだけど、ちょっと狭すぎるんだな。それで「どうぞ使ってください」というお言葉に甘えて、人と会う時にはこの応接室を使わせてもらっている」話が一段落したところで、私は「ちょっと見てもらいたいものがあるのですが」と、小泉氏に一枚のコピーを手渡した。

それは、一九六五年六月発行の『横須賀慶應学生会文集』。慶応大学三年生の時に小泉氏が書いた随筆だった。

タイトルは「死のうは一定《いちじょう》！」。織田信長が愛したという小唄の一節で、「人は生まれてきた以上、必ず死ぬ」という意味だ。

約五年半にわたって首相を務めた小泉氏は、しばしば織田信長と比較されて語られた。「非情の宰相」が小泉氏の代名詞である。自民党、民主党のいずれでも幹事長を務め、四半世紀もの間、日本政治の中心にいた小沢一郎氏が、かつて小泉氏をこう評したことがある。

「小泉には「理」が欠如している。理念、理性、理屈、論理、合理……。これらがまったくないんだ」

郵政解散はその典型だろう。郵政民営化法案に反対票を投じたすべての議員から、自民党の公認を取り上げるだけでなく、その選挙区に「刺客」と呼ばれる対抗候補を次々に擁立した。

私は、国民の圧倒的支持を受けて郵政選挙で圧勝した後の、二〇〇五年末の小泉氏とのやりとりが忘れられない。

首相時代の小泉氏は、年に一度だけ、総理番とともに食事をしながら懇談することが恒例になっていた。メニューは決まってカレーライスであり、通称「カレー懇」と呼ばれる完全オフレコを前提にした懇談だった。

仕事納めとなる一二月二八日の昼、新聞、テレビ、通信社など約三〇人の若手記者が首相官邸二階の小ホールに集められた。

記者たちが待っていると、「やあやあ」と笑顔で入ってきた小泉氏は、いきなり野菜サラダをライスに乗せ、そこにカレーをかけておいしそうにほおばり始めた。

「いろいろ試したけど、結局この食べ方が一番おいしい。生野菜があんまり好きじゃないんだ。イタリアの野菜はおいしいよ。ドレッシングがいろいろあるから。カレーなら、カレーをドレッシング代わりに食べられるからな」

終始機嫌よく話す小泉氏に、記者から率直な質問が続いた。

「よく休日の首相動静に「音楽鑑賞などして過ごす」「読書などして過ごす」とあるが、本当にやっているのか」

「ああ、それは本当だ。音楽鑑賞ってほどでもないけどね。いつもBGMは流している。まあ休みで一番多いのはごろ寝だな。パジャマでいつも過ごしている」

「本当に来年で首相を辞めるのか」

「国会議員は続けるよ。選挙で選ばれているのに、そんな簡単に辞められるもんじゃあない。首相を辞めても、やることはいっぱいある。よく肩書きがないと仕事ができないという国会議員がいるけど、なぜか分からないよ。一国会議員でもできることは山ほどある」

気さくに答えていた小泉氏だが、あるやりとりの時、「非情」さが垣間見えた。

「今年はなんといっても郵政解散だと思うが、反対派はまさかこうなるとは思っていなかったのでは」

記者がこう尋ねると、表情が一気に厳しくなった。

「彼らは解散なんかできっこないって思っていたんだから。郵政民営化法案を出す時から、否決されれば解散すると決めていた。確かに、常識的には、参議院で否決されて衆議院を解散するというのはおかしい。解散はないという人は、そういう常識で考えたんだろう。でも何が国民の支持であり、時代の流れなのかを考えないといけない。綿貫さんなんかは、かつてお酒を飲んだりカラオケに行ったり、私が誰よりも付き合った人だ。ただね、「昨日の友は今日の敵、今日の敵は明日の友」なんだよ」

「綿貫さん」とは、小泉氏と慶応大学の同窓であり、初当選のころから兄貴分として慕ってきた元衆院議長・綿貫民輔氏のことである。郵政法案で造反し、離党を余儀なくされた綿貫氏は国民新党を代表として率いたが、二〇〇九年に落選し、政界を引退した。

「変人」「非常識」「大うつけ」――。郵政政局の際に小泉氏に投げかけられた言葉は、まさしく戦国の世を駆け抜けた織田信長のようである。このころの小泉氏は、どこかで自らを信長に重ね合わせていたようにも思う。

小泉氏が衆院解散に踏み切る直前の二〇〇五年八月六日夜、盟友の森喜朗前首相が小泉氏の待つ首相公邸に入った。

「休戦にしよう。法案は保証する」

翻意を促す森氏に、小泉氏は「その種の約束が守られたことはない。それが戦国時代からのならいだ」と語った。同じく解散回避を訴えた麻生太郎総務相（当時）には、「明智光秀にならないでくれ」と念を押した。

選挙戦が始まり、雨の中、ＪＲ名古屋駅前の街頭演説に立った小泉氏は「桶狭間の戦いも、雨と風の中での出陣だったと聞きます」と声を張り上げた。

綿貫氏は同じ頃、地元・富山県高岡市の演説で、こんなことを語っている。

「小泉さんは織田信長なんです。比叡山の延暦寺を焼いて三千人を殺し、罪のない女子どもを殺してしまった経歴の持ち主。言うことを聞かないと焼き尽くすぞ。今やっているのはどうも比叡山の焼き打ちをしたときの形とよく似てきた」

小泉氏が大学時代に書いた随筆を抜き出して紹介したい。

「楽天家の私でさえこのような虚無感にふとおそわれる時がある。そんな時、私は幸若の舞敦盛《あつもり》の一節

人間五十年

化転《けてん》（下天）の内をくらぶれば

夢幻の如くなり

一度生を得て

滅せぬ者のあるべきか、

を謳い、「死のうは一定！」「それ貝を吹け、具足をもてい！」と立ちながら湯漬《ゆづけ》を食らい甲冑《かっちゅう》ひっかけ城を馳せ出て、わずかの兵を率いてまっしぐらに田楽狭間《でんがくはざま》に向い一挙に今川義元を打取ったあの時の織田信長を思い出す。人生五十年、どうせ一度は死ぬのだ。乾坤一擲《けんこんいってき》、思い切ってやってやろうという凄絶な雄々しい感情を秘めて打向って行った信長の気魄《きはく》、見事だ。素晴らしいと思う。男らしく爽快である。相手を倒さなければ自分が殺される厳しい戦国時代の武将に私は強く魅かれる」

「私は自分の志す仕事が達成された後ならすぐ死んでもいいと思っている。余生を安楽に過

ごしたいなどとは毛頭思わない。志成就の為なら少しの暇も欲しいとは思わない」
「どんなに困難にも心に笑みをたたえ、闘志と熱意をもって雄々しく人生を乗越えて行きたい。

われは堅き金剛石
つちによりても、のみによりても
折るることなし、
打て、打て、打て、われを
されどわれは死なじ。

われは不死鳥のごとし
己れの死よりふたたび命を得
己れの灰の中よりよみがえらん。
殺せ、殺せ、殺せ、われを
されどわれは死なじ。

私はこの詩が好きだ。〝勝利に進む我が力常に新し〟この〝若き血〟に燃ゆる青春を実りある豊かなものにして明日さらに前進しようではないか。

（経済学部　三年）」

最後の詩は一六世紀フランスの詩人、アントワーヌ・ド・バイフの作品である。カトリックとプロテスタントの宗教対立に起因するユグノー戦争を題材に書かれたものだ。

小泉氏のこの随筆は半世紀前に書かれたものだが、まるで「原発ゼロ」を掲げて立ち上がる未来の自分に檄を飛ばしているかのようだ。今日に通じる小泉氏の人生観を示している。

若き日の随筆を小泉氏はどう読むのか。私がコピーを渡したのは、その反応を見たいという興味からでもあった。

小泉氏は照れくさそうに読み返した。

「ああ、これは一〇年前にも見せてくれた人がいたんだ。こんなものがよく保管されているなあと思った記憶がある。内容も覚えているよ。『青春は人生にたった一度しか来ない』か。いかにも若者らしく、大志を抱いていたんだな。でもちょっと文章を直した方がいいかもしれない。私は最近、あちこちの演説で『老人よ、大志を抱け』と言い回っているからな」

掲載三日後に再会

九月九日に行ったインタビューは、それから四日後の一三日付「朝日新聞」朝刊に掲載された。

記事は、その日の新聞の「ニュースの顔」である一面と、主に政治ニュースが扱われる四面で展開した。

一面の見出しは「『原発再稼働　間違っている』／小泉元首相インタビュー」となり、詳報を伝える四面は「安全で、一番安く、クリーン。これ、全部うそだ／かつて推進した責任感じる。でも、ほっかむりしていいのか」となった。四面は、ページ全体の三分の二のスペースを使う破格の扱いとなった。

連日のように紙面で大きく報道されてきた安保関連法案が、いつ成立してもおかしくないというタイミングだった。

小泉氏が希望していた見出しは、かつて首相として原発を推進した悔恨の言葉も合わせて実現できた。

反響は上々だった。読者はもちろん、同じ時期に総理番としてしのぎを削った他社の記者からも「小泉さんのインタビューなんて、よく取れたね」と言われた。

逆に、原発政策を維持する経産省幹部からは「記事が『原発ゼロ』運動と一体化してしまっており、公平性に欠ける」などと苦言を呈された。

賛否はともかく「反応が多いということは、いい記事である証左だ」とかつて先輩記者からも教わった。小泉氏にはお礼とともに、掲載紙を送った。

掲載から三日後、私と関根は小泉氏の講演が開かれる松山市に飛んだ。開始三〇分前に会場のホテルに着くと、主催者らの計らいで控室に招かれ、小泉氏と再び話す機会があった。

部屋に入ると、小泉氏は「やあやあ」と右手を挙げて、笑顔を見せた。小泉氏とともに「原発ゼロ」運動に取り組む城南信用金庫の吉原毅《つよし》相談役や、映画『日本と原発　4年後』を自ら撮影し、原発差し止め訴訟の先頭に立つ河合弘之弁護士の姿もそこにあった。

「うまくまとめてくれてありがとう。扱いもなかなか立派だったな」

満足げに語る小泉氏。私たちは「反響はありましたか？」と尋ねた。

「すごくたくさん来たよ。記事を読んだ人もそうだけど、一番すごかったのはメディアだな。テレビ、新聞、通信社……。もうあちこちから取材依頼が届いた」

確かにこの日の松山の会場には、地元メディアに加えて東京から駆けつけたとおぼしき記者の姿も多く見られた。もし小泉氏が積極的に発信していこうと準備しているなら、その声をぜひ取り上げたいと考える記者の心理はよく理解できた。

「では、これから忙しくなりますね」と水を向けると、小泉氏は意外な反応を見せた。

「いや、インタビューは今回だけだ。しばらく受ける気はないから」

いかにも小泉氏らしいセルフプロデュースだと感じた。

実際には、後にノンフィクションライター・常井《とこい》健一氏のロングインタビューにも応じ、『文藝春秋』（二〇一六年一月号）に「小泉純一郎独白録」として掲載された。常井氏は、小泉氏とは面識はなかったものの、次男の進次郎衆院議員を追い続けているフリーライターとして知られている。

何をどのタイミングで語れば効果的かという判断は、小泉氏の長い政治家人生と約五年半の首相経験で培われたものだろう。

講演の開始時刻になった。会場は、用意された約六〇〇席がほぼ埋まっていた。間もなく、小泉氏が演台に姿を見せた。

「松山空港に着いて最初に驚いたのが、エコバイオ株式会社の社長が自ら運転して出迎えてくれた、天ぷら油の廃油で走る車。快適でした。八年前からやっているそうです。原発以外の電源が各地で非常に発達しているのは、心強い」

ご当地ネタの「つかみ」から話し始めるのは、首相時代から変わらない。選挙の応援演説などで全国各地の街頭に立つ進次郎氏も、父親の手法を踏襲している。

「松山で一番有名なのは、正岡子規。一番有名な俳句は「柿食えば鐘が鳴るなり法隆寺」です。あとは司馬遼太郎の『坂の上の雲』。秋山真之《さねゆき》が大本営に打った電報が有名ですね。「天気晴朗なれども浪高し」。いかに短く分かりやすく話すか。私も「ワンフレーズ政治」などとよく批判されましたけどね。でも、いかに短く分かりやすく話すか、これが一番大事なことだと思ってやってきました。どんなに長く話したって、テレビで放送される時は一〇秒か一五秒だから」

小泉氏が自身の政治手法について分析的に語るのは、他の講演では見られず、珍しいことだった。私たちのインタビューについても言及した。

「朝日新聞の私の総理番の記者の方が「原発についてインタビューしたい」というものですから、それまで全部お断りしていたのですけど、（首相を辞めて）九年ぶりに受けたんです。原発推進論者は「原発は安全でコストが一番安く、クリーンだ」と言ってたんですが、勉強して全部うそだと分かったんです。「うそだ」と言ってるのが本当なんですよ。私は本当のことを言っているんです。今まで講演でも何回も言ってきたんだけど、朝日新聞みたいに大きく報道してくれた新聞は一つもなかった」

小泉氏はそこから、「なぜうそか」について自らの考えを八〇分間語り続けた。

終了後、小泉氏は河合氏らとともに記者会見を開いた。

会場に姿を見せていた常井氏が「なぜこのタイミングでインタビュー取材を受けたのか」と質問すると、小泉氏はゆっくりと、言葉をつむぐように答えた。

「タイミングというよりも、朝日新聞の記者が、私の首相時代の総理番記者だったんです。

インタビュー依頼の文章が、「この人たちなら受けなければまずいな」と思わせるような文章だったんです。初めて総理番記者を務めて、あの激動の衆院解散を目の当たりにして、ずっと私の講演を追いかけて聴いてくれていたんです。福島にも、鹿児島にも（講演を）聴きに行ったと。私の話すことを十分に知っているんですよ。そういう記者が、原発について質問したいと。項目別に整理して、こうこうだと。その手紙は八月に出されたと思うんですが、私は見ていなかったんですね。事務所も休暇で誰もいなかったものですから。手紙を見て、「これはやっぱり受けないといかんなあ」ということで受けたんです。結果的にしっかりまとめてくれて、私の真意も伝わったかなと思っています」

「非情の宰相」が「情」を語った。長らく小泉氏を取材してきた私たちにとって、それは思いもよらないことだった。

記者会見終了後、河合氏が「私がインタビューをお願いしたら「インタビューはやらないんだ」って言っていたのに、気が変わることもあるんですね」と言うと、小泉氏はこう返した。

「いやいや、私もね、よく非情だとか冷たいとか言われるんだけど、情にほだされることだってあるんだよ」

私たちはこの発言を額面通りに受け止めるわけにはいかない。小泉氏はインタビューでこうも語っている。

「こういう運動は、自分一人になってもやるという意欲がないとできないんだ。他の全員が反対でも進めていくんだと。「原発ゼロ」の国づくりは必ず国民の支持を得られる。時代はいずれ変わる。人をあてにせず、焦ることなく、あきらめずに進めていく」

そこにいたのは、紛れもなく「殺せ、殺せ、殺せ、われを　されどわれは死なじ」と書いた、あの若かりしころと変わらぬ小泉氏であった。

小沢一郎氏は「理がない」と小泉氏を評したが、実際はどこまでも「理」なのである。その小泉氏が、人生を懸けて「原発ゼロ」の旗を掲げた。

一瞬だけ見せた「情」は、並々ならぬ覚悟で「理」の実現を目指す小泉氏の闘いにおいて、つかの間の中継点でしかないのである。

第二章

転機

原発推進首相

小泉純一郎氏は、二〇〇一年四月から〇六年九月まで首相を務めた。日本の原子力政策が岐路を迎えていた時期でもあった。原発政策を従来通り推進するのか、それとも見直すのか……。

原発慎重派から投げかけられた数々の問題提起に対し、小泉氏の態度は冷淡だった。その結果、原発政策は従来通り、いやそれ以上に強力に推進されることになる。

そして、日本は「三・一一」を迎えた。

二〇〇九年に政界を引退した小泉氏は、原発事故を経て、「原発ゼロ」派に転じた。小泉氏がしばしば引用する論語の一節「過ちては改むるに憚《はばか》ることなかれ」。小泉氏が悔いる「過ち」とは何か。それは、いずれも東京電力福島第一原発事故の遠因となったものである。

小泉内閣は〇一年四月に発足した。直後の朝日新聞世論調査では内閣支持率が七八%と、歴代内閣で史上最高の支持率を記録した。「今太閤《いまたいこう》」の田中角栄内閣で六二%、「非自民連立」の細川護熙内閣でも七一%だっただけに、国民の熱狂ぶりがうかがえる。

いまだ破られていない高支持率を背景に、〇一年七月の参院選では、過半数を超える六四議席を獲得し、自民党を一九九二年以来の勝利に導いた。「向かうところ敵なし」だった発足当初の小泉政権に、民意が肘鉄を食らわせた出来事がある。

二〇〇一年五月二七日。新潟県刈羽《かりわ》村で行われた、東京電力柏崎《かしわざき》刈羽原子力発電所におけるプルサーマル発電の是非を問う住民投票である。

プルサーマル発電とは、使用済み核燃料の中から、燃え残ったウランとプルトニウムを取り出し、混ぜて作った燃料「ＭＯＸ（モックス）燃料」を原発で使って発電することである。資源の少ない日本は、ウランを有効活用するため、核燃料をリサイクルする「核燃料サイクル」の完成をめざした。だが、核燃サイクルの中核と位置付けられ、発電しながら燃やした以上の燃料を生み出す高速増殖炉「もんじゅ」（福井県敦賀《つるが》市）で、九五年にナトリウム漏れ火災事故が起き、計画は頓挫した。

核兵器の原材料に転用可能なプルトニウムを溜め続けることには、国際的に批判がある。これに対して、国や電力会社は、実用化のメドが立たない「本命」の「もんじゅ」の「代役」として、各地の原発でＭＯＸ燃料を使うプルサーマル発電を進めようと目論んだ。

刈羽村は柏崎市の東隣で、最寄りの新幹線駅・長岡駅まで二〇キロ近く離れている。目立った産業もない、人口約五千人の寒村だ。原発に対する国からの電源立地交付金のおかげで、地方交付税を受けずに済んでいるという、全国でも数少ない自治体だ。原発に対する強い反対運動が地元で巻き起こることもなく、原発推進派にとっては「優等生」だった。

ところが、九九年九月、茨城県東海村で起きた核燃料加工会社「ジェー・シー・オー（ＪＣＯ）」東海事業所の臨界事故によって、地域住民の意識が変わる。工場で核燃料を加工中に核分裂が連鎖的に続く「臨界」が発生した。ＪＣＯの作業員二人が死亡し、周辺住民二百人余を含む計六六七人の被曝者を出す大惨事となった。

刈羽村はこのＪＣＯ事故前、プルサーマル計画に協力する姿勢を示していた。ところが、事故後、原発の安全性に疑問を感じる村民が増え、村議会でもプルサーマル反対派の議員が増えた。

議会は計画の是非を問う住民投票条例を賛成多数で可決した。これに対し、村長が「拒否権」を発動すると、今度は住民有志が直接請求に動き出し、有権者の三七％にあたる署名を集めた。これは条例制定に必要な数を大きく上回っていた。村長は「村の安定と民主主義を守る」と決断し、ついに全国初となるプルサーマルの是非を問う住民投票が行われることになった。

もし、反対派が勝つと、ほかの原発立地自治体でも同じような動きが出てくる可能性がある。経済産業省は「プルサーマル実施は、日本と地域の未来のために必要です」と訴えるチラシを全戸に配布した。

このことを国会で批判された小泉氏はこう答弁した。

「原子力発電も今は三割を占めていますし、その重要性というものも今は否定できない。いろいろ多様化を図る意味においても、いろんなクリーンエネルギーを開発することが重要でありますけれども、引き続き当面、原子力エネルギーを確保するのも、国民の電力供給、エネルギー供給という観点から見れば大変重要なことだ」

住民投票の結果は、反対一九二五票、賛成一五三三票、保留一三一票。投票率は八八・一四％で、反対が五三％を超えた。

この結果を受け、村長は計画受け入れに慎重な方針へ転じた。

だが、そんな村民の声は小泉氏には届かなかった。

投開票翌日の二〇〇一年五月二八日。小泉氏は衆議院予算委員会で、反対多数という結果を受けても、原発やプルサーマル発電を進める方針を変えなかった。

「原子力に対する安全性、そして必要性、そのはざまで揺れた結果ではないかなと思っています。国としても、また事業者としても、原子力エネルギーに対する理解をどう国民に求めていくか、より一層の努力が必要だと思っております」

このときには、小泉氏はまだ問題の根深さに気づいていなかった。

村議会は六月、小泉氏らに宛てた意見書を可決した。その中には、こんな項目もあった。

一　原子力防災計画を充実し、実効性を検証する
二　使用済み核燃料の最終的な計画を確立し、開示する
三　エネルギー政策を見直し、国民的な合意形成を図る
いずれも二〇一一年三月一一日の東京電力福島第一原発事故後、クローズアップされた問題だった。

届かなかった内部告発

二〇〇四年春。小泉氏が北朝鮮を再び訪問し、拉致被害者の子ども五人の帰国を実現したころだった。

東京・永田町、霞ケ関界隈に、内部告発の文書が出回った。

タイトルは「一九兆円の請求書　――止まらない核燃料サイクル――」。

A4判二五枚。告発者は明らかにされなかったが、経済産業省の若手官僚数名が書いたというのが定説になっている。

原発推進の政権方針に対する「クーデター」だった。

文書は、国、とりわけ経産省が電力業界と一体となって進めてきた「核燃料サイクル」の

問題点を列挙し、方向転換を求める内容だった。「原発ゼロ」派に転じた小泉氏がいま、最も強く批判する「核のゴミ」の扱いに焦点を当てたものである。


「欧米では経済的に見合わず、再処理せず直接処分へと移行する国が続出」

「再処理工場では通常考えられないトラブルが発生」

「なぜ余剰となるプルトニウムを再処理により、更に回収するのか」

「政策的意義を失った一九兆円（果ては五〇兆円？）ものお金が国民の負担に転嫁されようとしている……」

「核燃料サイクルについては一旦立ち止まり、国民的議論が必要ではないか」


原発で使った使用済み核燃料からプルトニウムを取り出し、再び燃料として使う核燃サイクルについては、原子力の専門家だけでなく、経産省内にも見直すべきだと考える官僚がいた。

核燃サイクルの中核となる青森県六ヶ所村の再処理工場建設費用は、当初六九〇〇億円の見込みであったのが、二兆二〇〇〇億円以上に膨らんでいた。施設内のボヤや、使用済み燃料プールからの水漏れなどトラブルも続き、完成自体が延び延びになっていた。

内部告発の文書作成に関わったとされる一人、元経産官僚の伊原智人《ともひと》氏に当時の経緯や思いについて話を聞いた。

二〇〇三年六月、伊原氏は経産省電力市場整備課の課長補佐に着任した。当時は、電力市場への新規参入業者が、電力会社の持つ送電網を使えるよう促す「電力自由化」が課題になっていた。

伊原氏に課せられたテーマの一つが、原発から出る使用済み核燃料などバックエンド（後処理）費用をどう負担するかについての政策を立案することだった。研究を重ねるうちに、伊原氏は問題の大きさに危機感を募らせていった。

ある電力会社の幹部と意見交換をした際、こう言われたのが決定打となった。

「（核燃サイクルを）やめられるなら、やめたい」

電力会社も本音では、コストがどれだけ膨らんでいくか見通しのつかない核燃サイクルからの撤退を検討していた節がある。剛腕で知られた村田成二《せいじ》経産省事務次官も見直しを考えていた、とされる。

「核燃サイクルが本当にうまくいっていると思っている人は、内部でもなかなかいない。いろいろな問題があるなら、誰かが勇気を持ってやめようと言うべきじゃないか」

そう考えた伊原氏は、問題意識を共有する経産省の若手有志数人と、夜な夜なファミリーレストランにひそかに集まって、告発文「一九兆円の請求書」を書き上げた。「核燃サイクルの継続を政治が決めている以上は、政治を変えるしかない。政治を変えるには、世論しかない。ならば、世論を喚起しよう」

だが、伊原氏らの決起に対する反応は芳しくなかった。

告発文で「核燃料サイクルに疑義を唱える有識者」として紹介された七人のなかに、自民党の河野太郎衆院議員がいた。

河野氏は告発が明るみに出た後、かねて持論だった核燃サイクルの見直しを講演で提起した。しかし、当時は完全に異端児扱いで、自民党内に同調する動きはなかった。

伊原氏がツテを頼って面会した自民党の経産相経験者は、「言っていることは分からないでもないが、原発は必要。核燃サイクルを止めると原発が動かなくなる」と後ろ向きの反応だった。

民主党内の一部にも理解者が現れ、党内で勉強会も発足した。だが、「党として反対することは難しい」という結論だった。国会論戦で大々的に取り上げられることはなかった。

頼りにしたマスコミの反応も期待外れに終わった。

伊原氏らは、手分けして全国紙や在京キー局の記者らに接触した。だが、なかなか報道されなかった。

テレビ局では、「最初に会ったディレクターは「面白い！」と言ってくれても、二回目以降の話が進まないケースが多かった」という。

「電力会社は有力な広告主。そういう営業面での影響も、あったのかもしれない」と伊原氏は振り返る。

週刊朝日が特集記事を組むなど、一部で反響はあったが、告発で狙った「国民的議論」の喚起にはほど遠かった。

結局、当時の経産相、平沼赳夫氏や中川昭一氏はサイクル見直しを認めなかった。この後、伊原氏らサイクル見直し派は異動させられた。伊原氏は退官し、民間に転じることになる。

いま、六ヶ所村の再処理工場は稼働に向け、最終の実験段階に入っている。

重ねた過ち

小泉氏の「過ち」は、まだある。

二〇〇三年一月二七日。名古屋高裁金沢支部は、高速増殖炉「もんじゅ」の原子炉設置許可処分の無効確認を求める行政訴訟に対し、設置許可を無効とし、政府に対して安全審査の全面的なやり直しを命ずる判決を下した。

原発を推進する経産省内にも、「もんじゅ」を中核とした核燃サイクルの見直し論がくすぶっていたなかで、司法が初めて下した「サイクル見直し」の判決に注目が集まった。だが、政府はすぐさま最高裁に上告した。

二月四日の衆院本会議で、社民党の土井たか子党首は「エネルギー政策を転換して、脱原発を進めて、再生可能なエネルギーの開発に資金と人的エネルギーを投入すべき」と迫った。

小泉氏は、こう答えた。

「安定性に優れ、発電過程で二酸化炭素を発生しないという特性を有する原子力発電について、安全審査に万全を期しつつ、安全の確保と国民の信頼の回復に全力で取り組み、その推進に引き続き努めてまいりたい」

「自民党をぶっ壊す！」と言って喝采を浴びた小泉氏。だが、原子力の規制組織を「ぶっ壊す」ことには関心がなかった。

東京電力福島第一原発事故を調べた国会事故調査委員会（事故調）は報告書で「原子力安全についての監視・監督機能が崩壊していた」と、経産省の旧原子力安全・保安院を厳しく批判した。

国際原子力機関（ＩＡＥＡ）が二〇〇七年に、過酷事故対策の遅れを改善するよう日本政府に勧告したにもかかわらず、保安院は、福島第一原発事故で起きたような、全ての電源を失う事故を想定した対策を電力会社に徹底させずに先送りしていたためだ。

その背景には、規制が厳しくなれば原発の稼働率が低下するなど、経営面への悪影響を心配した電力会社が、保安院など規制当局に働きかけをしていたということがあった。事故調は報告書で「電気事業者と規制当局との関係は、必要な独立性及び透明性が確保されることなく、まさに「虜《とりこ》」の構造といえる状態」と指弾した。

原発を推進する経産省内の組織であり、同省の職員が多くを占める保安院が、原発の安全規制を行うことには当初から批判が根強かった。

二〇〇二年に発覚した東京電力によるトラブル隠し事件では、経産省に届いた内部告発を保安院が長期間にわたって放置するなど、当事者能力の低さが露呈した。

保安院を独立した規制機関とするべきではないか――。

民主党が二〇〇〇年、保安院を経産省から切り離し、内閣府に移管する議員立法を提出するなど、保安院の独立性をめぐる問題は国会でも議論にはなった。それでも、保安院の問題は手つかずのままだった。

国会で保安院改革の必要性を問われた小泉氏の言い分はこうだった。

「経済産業大臣が一次規制を実施し、原子力安全委員会が客観的、中立的立場から再度安全性を確認するという現在のダブルチェックの体制が有効に機能する」(二〇〇二年一〇月)

原発の安全対策を強化する機会も見逃した。

二〇〇四年のスマトラ島沖大地震・インド洋大津波を受け、日本各地の沿岸部に建設された原発の津波対策の必要性が指摘されるようになった。

翌年一月の参院本会議で、民主党の江田五月参院議員から原発の津波対策について問われた小泉氏は、安全性にお墨付きを与えた。

「国内の原子力発電施設について、地震や津波が発生した際に放射能漏れなどの事故を起こすことがないよう設備の耐震性の強化を図っているほか、津波により海水が引いた場合にも冷却水を提供できるような措置を講じております」

その後、津波対策の研究が進んだ。福島第一原発周辺は、八六九年の貞観《じょうがん》地震で八・九メートルの津波が襲来したとの見解が、保安院の審議会で示された。東電は二〇一一年三月七日に保安院に対し、巨大地震が発生した場合、津波の高さが一五・七メートルに達する可能性があることを報告した。だが、遅きに失した。

原子力政策への批判や見直し論がくすぶり続けていることに対抗し、原発推進勢力は巻き返しを図る。

二〇〇五年一〇月、小泉政権はこれまで五年ごとに改定してきた「原子力長期計画」を「原子力政策大綱」と改め、閣議決定も初めて行った。閣議決定することで、原発を推進するという「政治の意志」を明確にしたのである。

二〇三〇年以後も発電電力量の三〇～四〇%程度以上の役割を期待、使用済み核燃料を再処理し、回収されるプルトニウム、ウラン等を有効利用、高速増殖炉の二〇五〇年頃の商業ベース導入を目指す……という概要だった。

さらに、小泉氏が首相を退任する間際の〇六年八月、経産省資源エネルギー庁は大綱で定められた方針を具体化するための方策を盛り込んだ「原子力立国計画」を策定した。

小泉氏が首相を退任し、後継を自身の内閣で官房長官を務めた安倍晋三氏に託した後も、原発関連の事故やトラブル、不祥事は続いた。それでも、小泉政権で敷かれた原発推進のレールから外れることは決してなかった。

安倍氏が首相に就いたばかりの二〇〇六年秋には、中国電力岡山県ダム測量数値の改ざんに端を発し、東京電力福島第一原発、東京電力柏崎刈羽原発、東北電力女川《おながわ》原発で海水温度のデータ改ざんが発覚した。さらに、第一次安倍政権末期、〇七年七月の新潟県中越沖地震では、地震を原因とした火災が東京電力柏崎刈羽原発の三号機変圧器付近で発生した。

民主党に政権交代しても変わらなかった。菅直人内閣は二〇一〇年六月に閣議決定した「エネルギー基本計画」で、三〇年までに原発一四基以上を新増設することなどを盛り込んだ。同時に示した「新成長戦略」では、原発を含むインフラ輸出の促進を掲げた。

小泉氏と三・一一

小泉氏は二〇〇九年八月、民主党に政権交代した衆院選で次男の進次郎氏に地盤を譲って政界を引退した。その後も、原発に関して発言することは一切なかった。

原発についてだけではない。政治的な発言さえほとんどせず、完全なご隠居モードで、音楽鑑賞や読書、散歩など悠々自適の生活をしていた。

そこで起きたのが二〇一一年三月一一日、東日本大震災と東京電力福島第一原発事故だった。

小泉氏は首相時代、原発にほぼ無関心であったことを自ら認めている。各地で行っている講演では毎回、こんな釈明をしている。

「私は原子力に疎い。「原発は安全だ、コストは一番安い、クリーンエネルギーだ、経済成長にとって欠かせない大事な産業だ」という専門家の言葉を真に受けていた」（二〇一五年三月、福島県喜多方市での講演）

福島第一原発の一号機、三号機、四号機と相次いだ水素爆発。福島第一原発周辺に広がった放射性物質のうちセシウム一三七は、広島に投下された原爆の一六八・五倍となり、原発避難者は一五万人以上にのぼった。被災者への賠償金は膨れ上がり、五兆円を超えた。

そんな状況に、小泉氏は「原発は安全、安い、クリーンエネルギー、この三つの専門家が言ってきたこと、違ってるんじゃないかと思い始めた」。

疑念が頭をもたげてきた。小泉氏は「自分なりに書物を読み、意見を聞いて調べた」という。そして「この三つの専門家が言ってきたこと、全部ウソだと分かった」と考えるに至る。

福島第一原発事故から二ヵ月半たった五月二八日のこと。小泉氏の地元、神奈川県横須賀市で日本食育学会・学術大会が開いた記念講演会で原発の問題を公に発言し始めた。

概要はこうだ。

「原発が絶対に安全かと言われるとそうではない。これ以上、原発を増やしていくのは無理だと思う」

「原発への依存度を下げ、世界に先駆けて自然エネルギーを推進しないといけない」

この時はまだ、「原発を徐々に減らしていく」という考え方にとどまっており、現在のように原発を「ゼロにする」とは言い切っていなかった。

翌日の朝日新聞朝刊は第二社会面で、「原発の安全性を信じたのは過ち　小泉元首相、講演で」と二段見出しで伝えた。控えめな報じ方だった。

この後も二年あまり、小泉氏は講演会や選挙応援などで「原発を減らしていくべきだ」と発言し続ける。

それは安倍晋三総裁率いる自民党が、政権を奪い返した二〇一二年衆院選で「原子力に依存しない経済・社会構造の確立を目指す」と公約したのと大きな違いはない。

「三・一一」後は、多くの政治家が時流に乗るかのように「脱原発」を発言していた。小泉氏は、まだ「ワン・オブ・ゼム」にすぎなかった。

だから、しばらくの間はメディアが小泉氏の発言に注目することはほとんどなかった。

恩師が語った原発ゼロ

小泉氏が「原発ゼロ」に転じた大きな理由は何か。あるキーマンの存在を挙げることができる。

慶応大学時代の恩師、加藤寛氏である。

中曽根康弘内閣時代に、第二次臨時行政調査会第四部会長として、国鉄（現ＪＲ）の分割民営化を進め、一九九〇年から二〇〇〇年まで一〇年間にわたって政府税調の会長を務めた「ミスター税調」。経済学者であり、政府の「ご意見番」的存在だった。

「官から民へ」の考え方を重視した加藤氏は、郵政民営化をめざした小泉氏にとっても重要なブレーンだった。

加藤氏は三・一一後、脱原発に向けた発信を始める。

事故から約二ヵ月後の二〇一一年五月二一日。加藤氏は小泉氏、竹中平蔵氏とともに、日経ＣＮＢＣが主催した都内のセミナーに出席する。

小泉氏と加藤氏はここで次のような発言をした。

小泉「石油危機の教訓を生かし、今後は原発への依存度を下げるべきだ」

加藤「国難に迅速に対応し、的確な具体策を出すこと。日本はいま、大きな方向転換を求められている」

この後も、加藤氏は定期的に寄稿している静岡新聞の「論壇」欄で、「脱原発こそ新産業の幕開けに」「原子力発電は古い電力」と訴えた。

小泉氏が恩師の影響を受けたことは間違いないだろう。

この加藤氏の脱原発論に触発された人物がもう一人いる。城南信用金庫理事長（現顧問）・吉原毅氏である。小泉氏と同様、慶応大で加藤氏の教え子だった。

城南信金は預金量・資金量とも国内第二位の信用金庫だ。三・一一後、「原発に頼らない安心できる社会へ」と宣言し、脱原発にいち早く取り組む企業として注目を集めた。

事故直後、吉原氏は加藤氏に「原発推進を言われていましたが、どうでしょうか」と尋ねた。加藤氏は「原発は、あっちゃいけないない」と答えた。

そして、こう言われた。「一緒に闘おう。吉原君、何をやってもいいんだから」

恩師に背中を押された吉原氏は、二〇一二年一一月にシンクタンク「城南総合研究所」を立ち上げ、加藤氏を初代名誉所長として迎える。

加藤氏は城南総研が出した最初のリポートに、次のような文章を寄せた。

「原発はあまりに危険であり、コストが高い。ただちにゼロにすべきです。原発がなくても日本経済は問題ないことは今年の原発ゼロですでに実証されています」

「原発に依存したこれまでの巨大電力会社体制も、近い将来は、時代遅れになり、恐竜のように消滅すると思われます。このまま古い「電力である」原発を再稼働しても、決して日本経済は活性化しません」

「脱原発に舵を切れば経済の拡大要因になる。中小企業などものづくり企業の活躍の機会が増える。新しい時代の展望が開ければ新しい経済が生まれる。脱原発は新産業の幕開けをもたらし景気や雇用の拡大になる」

原発は危険でコストが高い、だからただちにやめるべきだ、再生可能エネルギーの導入を進めることで、経済発展できる国にしよう――。

小泉氏の原発ゼロ論の骨格は、加藤氏の主張と重なり合う。

加藤氏は二〇一三年一月に死去した。二カ月後、最後の著書『日本再生最終勧告　原発即時ゼロで未来を拓く』が吉原氏の協力も得て出版された。

原発ゼロへの転機

小泉氏は、福島第一原発事故直後から「原発を減らしていく」という考えに変わった。さらに踏み込んで「原発ゼロ」へと舵を切ることになる。

最大の契機は二〇一三年夏、フィンランドにある使用済み核燃料の最終処分場「オンカロ」を視察したことだった。

毎日新聞の山田孝男特別編集委員のコラム「風知草」（二〇一三年八月二六日）によると、この年の四月、経団連企業トップと小泉氏が参加するシンポジウムがあった。そこで経営者が口々に原発維持を唱えると、小泉氏が「駄目だ」と一喝し、一堂はシュンとした、という。

この後、小泉氏は三菱重工業、東芝、日立製作所の原発担当幹部、ゼネコン幹部の計五人と「オンカロ」を訪ねた。

当時はまだ、さほど大きく取り上げられることはなかった小泉氏の発言がクローズアップされると、国民の間で強まっていた脱原発論が勢いを増すことになりかねない——。

原発を推進する企業側は、小泉氏を何とか懐柔しようと考えたのだろう。だが、この視察旅行は目論みとはまったく逆の結果を招くことになる。

使用済み核燃料の最終処分問題の難しさをオンカロで痛感した小泉氏は、完全に原発ゼロ派へと転向した。帰国後、山田特別編集委員のコラムで小泉氏の「原発ゼロ」発言が紹介され、国民に広く知られるところとなった。

小泉氏はなぜ、この視察で「原発ゼロ」を確信することになったのか。

原発で発電する際に使った使用済み核燃料は、人が近づけば即死するほどの高レベル放射性廃棄物をだす。フィンランドが最終処分場に選んだオンカロは、地震がめったになく、地層は一八億年間、ほとんど動いていないという。

岩盤を四〇〇メートル掘り下げて、二キロ四方のスペース（東京ドームのおよそ八五倍）をつくり、高レベル放射性廃棄物を保管する施設を建設した。フィンランドにある四基の原発のうち、二基分の「核のゴミ」を保管することが可能な容量だ。外国の使用済み核燃料は一切受け入れない方針を決めている。

小泉氏は、一〇万年という途方もなく長い年月の間、安全に保管できる場所が日本にはないのではないかと指摘する。小泉氏がオンカロを訪れた際、施設内の岩盤を触ったところ、少し湿り気があった。わずかな量の地下水が岩盤を伝っていたのだ。廃棄物を保管する容器に水が触れると、将来腐食して、放射能が漏れ出てしまう可能性がある。

オンカロでは、この地下水などの問題が懸念され、二〇二二年の運用開始に向けて最終確認中であることを小泉氏は知った。

「水が出たら、（有害物質が）外に漏れる可能性がある。一〇万年も絶対に外に出してはいけない。日本にそんな地域がありますか。四〇〇メートル掘れば、水が出てこないどころじゃない。ほとんどの地域は温泉が出てくるんじゃないか」（二〇一五年九月、神奈川県小田原市での講演）

さらに、オンカロでは「言葉」の問題もある。例えば、現代日本人は同じ日本語であっても、一千年あまり前の古文を読むのに一苦労するし、古代エジプトの象形文字は専門家でないと判読不能だ。同じように、私たちがいま使っている言葉が、千年、万年、そして十万年後の人に理解することができるのだろうか――。

フィンランド政府は本気で考え、対策を検討している。小泉氏は、そんな説明を現地で聞いた。

「放射能は人間にとって色が見えない、臭いはない。危険な地域と知らせないといけないが、（英仏語など）国連の公用語で書いても千年、万年後に人類が読めるか。日本語もどんどん変わっている。最近の新しい言葉、「キモイ」なんて理解できなかった。私の学生時代、「あの人キレる」と言ったら、頭がいいという意味。今はおかしい人という意味だ。言葉は変わるんです」（二〇一五年三月、福島県喜多方市での講演）

日本では、使用済み核燃料から出る高レベル放射性廃棄物を保管する最終処分場はどこにもない。日本だけでなく、原発を推進する国が抱える共通の課題だ。

二〇〇七年、高知県東洋町の町長が、候補地選定に向けた文献調査に応じた。だが、町民が反発し、是非を問う出直し町長選が行われた。反対派が圧勝し、計画は頓挫した。最終処分場の受け入れをめぐり、自治体が手を挙げかけた例は、この時だけだ。

三・一一後、脱原発の機運が高まるなか、国が原発を維持・推進する姿勢のままでは、受け入れを認める自治体は出てこないだろう、と小泉氏は考えている。

永田町の反応は様々

毎日新聞のコラムで小泉氏の脱原発論が取り上げられてから、永田町でもようやく政治家たちが反応し始めた。小泉氏がボルテージを上げて、「原発ゼロ」と言い切るようになったこともあり、徐々にメディアで取り上げられることが増えていった。

「今こそ原発をゼロにする方針を政府・自民党が出せば、世界に例のない循環型社会へ結束できる」

「原発ほどコストのかかるものはないと多くの国民が理解している」

朝日新聞は、二〇一三年一〇月一日に名古屋市で開かれた講演会での小泉氏の発言を報じた。一〇月一六日には千葉県木更津市での講演会の模様も伝えた。

「原発ゼロ」という言葉が流布していくことになった。

かつてメディアを席巻した「小泉節」の再来に、政界も色めき立つ。

特に、二％の物価目標を柱とする大胆な金融政策など、経済政策「アベノミクス」を打ち出してロケットスタートを決めた第二次安倍政権に対して、攻め手を欠いていた野党側が飛びついた。

まず反応したのが、第一次安倍内閣で行革担当相を務めた、みんなの党代表の渡辺喜美氏だった。

九月二七日夜、渡辺氏は小泉氏と会食した。この時の様子について、一〇月一七日の衆院代表質問で、「小泉元総理は、フィンランドの核廃棄物最終処分場オンカロを視察され、我が国の最終処分場が確保できない状況下での原発推進は無責任であり、原発ゼロしかないと決意をしたとのことであります。極めて真っ当なご見解です」と紹介した。

そして、「小泉元総理は、総理大臣が決断すればできるとおっしゃっておられますが、安倍総理のご所見をお伺いいたします」と安倍首相に迫った。

かつての政敵たちも、「遠方より来た友」を歓迎した。

旧自由党の党首として党首討論で火花を散らした、生活の党の小沢一郎代表は一〇月二日の記者会見で、「冷静に日本の将来を考える人なら、大抵行き着く結論だ。小泉氏も政治の現場を離れ、公平な高みから眺めて脱原発という心境に至ったんだろう」と発言した。

三・一一の時の首相で、同じように脱原発に転じた民主党の菅直人氏も九月三〇日付のブログに、「小泉元総理の原発ゼロ積極発言は大歓迎」と記した。

当然ながら、以前から脱原発を党是としてきた共産党や社民党も、原発ゼロに賛意を示した。

共産党の志位和夫委員長は一〇月一七日の記者会見で、「『核のゴミ』処理ができないから、原発をなくすという点は理が通っている。私たちとも接点がある」と持ち上げた。

一〇月二九日には社民党の吉田忠智《ただとも》党首、又市征治幹事長が小泉氏と会談した。吉田氏は会談後、「それぞれの政党が脱原発に向けて努力すべきだ。世論を変えることで、必ずや政府は脱原発に向けた政治決断ができると確信している」との小泉氏の発言を記者団に紹介した。

原発回帰を強める安倍政権内で孤立気味だった自民党内の脱原発派も、「我が意を得たり」とばかりに息を吹き返した。

自民党資源・エネルギー戦略調査会「福島原発事故究明に関する小委員会」の村上誠一郎委員長は一〇月四日、原発の再稼働に慎重な対応を求める提言書を安倍首相に提出した。村上氏は首相との面会で「原発事故の原因究明と、事故を収束させることが喫緊の課題」と訴えたという。ただ、提言書をまとめるにあたり、当初は含まれていた「核燃料の処分法が確立しない限り、原発の新規建設を見送るべきだ」との内容は原発推進議員の反対があり、削除せざるを得なかった。

三・一一以前から、党内でほぼ唯一の脱原発派として内外に発信してきた河野太郎衆院議員のほか、河野氏の元秘書で、二〇一二年衆院選で初当選した新人議員、秋本真利《まさとし》衆院議員が「エネルギー政策勉強会」を立ち上げた。そして、「破綻している核燃料サイクル計画からは一日も早く撤退するべきだ」などと明確に主張し始めた。

このころ、安倍首相夫人である安倍昭恵氏の「脱原発論」も話題になっていた。

昭恵氏は福島第一原発事故以降、福島県内など原発被災地を何度も訪問した。脱原発派の環境エネルギー学者として知られる飯田哲也氏と親交を深め、小泉氏と同じように三・一一を境に脱原発派へと転向していた。

二〇一三年六月六日、NPO法人主催の講演会で昭恵氏は「私は原発反対なので非常に心が痛む」「原発に使っているお金の一部を新しいエネルギーの開発に使い、日本発のクリーンエネルギーを海外に売り込んだらもっといい」と発言した。

その後も、「『想定外』の事故は起きる。一度起きると大きく波及する。電力源は原発のほかに必ずいい方法がある。それを探していかなくてはいけない」（二〇一四年一月八日付朝日新聞朝刊）などと、原発に対して批判的な発言を続けた。

自分を取り立ててくれた恩人である小泉氏と、一番身近な妻からの「異論」。

二〇一三年一〇月二四日の参院予算委員会。社民党の吉田氏は、小泉氏と昭恵氏の写真を載せたパネルを掲げて、「家庭内野党の安倍昭恵さんも、原発輸出について、私は原発反対なので非常に心が痛むと言われております」と安倍首相に脱原発の決断を迫った。

「二人とも私にとって極めて重要な人物。ただ、政府としては、エネルギーの安定供給、これは経済活動にとって極めて重要」

安倍は苦笑いを浮かべながら、そう答えるしかなかった。

安倍政権は、かつて一世を風靡した小泉氏の影響力を計りかねていた。正面から反論して、脱原発の国民世論を刺激するのはよくない――。

「わが国には言論の自由がある」

一〇月二日、そう記者会見で述べた菅義偉官房長官の皮肉っぽい言葉が、政権の小泉氏に対する冷ややかな空気を表していた。

久々の表舞台

白のストライプシャツに鮮やかな水色のネクタイ。濃紺のスーツを身にまとった小泉氏が、記者会見場に現れた。

二〇一三年一一月一二日、東京・内幸町の日本記者クラブ。首相を退任後、原発ゼロに転向した小泉氏が、公式の場で初めて報道陣の質疑に応じる機会だった。

一体、どんなメッセージを発するのか、注目が集まった。

カメラの無数のフラッシュを浴びながら演壇に立った小泉氏。

「ただいまご紹介いただきました小泉純一郎です」

主催者が着席を促したが、小泉氏が腰を下ろす気配はない。この時、七一歳となっていたが、首相時代さながら、立ったままの演説スタイルで話し始めた。気合が入っていた。

「オンカロ」視察の話、再生可能エネルギーの可能性……。いつもと変わらない「原発ゼロ」論だった。ただ、この日の講演で最も熱がこもっていたのは、安倍首相に対するメッセージだった。

「総理大臣の権力はたしかに強いです。しかしね、総理がいかに権力が強くても、使える権力、使っても実現できない権力、そういう権力があるはずだと思うんです。私はいま、総理が決断すればできる権力、それが原発ゼロの決断ですよ」

小泉氏は、自らが実現した郵政民営化を引き合いに出した。

「あの解散はまさに乾坤一擲、この文字がピッタリの解散だった。やってみないと分からない、一か八か」

「私の総理大臣在任中、郵政民営化の時よりもはるかに環境いいですよ。（中略）野党は全部、原発ゼロに賛成ですよ。反対は自民だけじゃないですか。しかし、本音を探れば、自民議員で賛否がどうかといったら、私は半々だと思っていますね。しかし、ここでもし安倍総理が「原発ゼロにする、自然を資源とする国家をつくろう」と方針を決めれば、反対派はもう反対できませんよ」

安倍首相は短命に終わった第一次政権とはうって変わり、第二次政権は経済政策「アベノミクス」で好発進した。このときも五割以上の支持率を誇っていた。原発はアベノミクスを推進するために欠かせないもの、逆に言えば、原発ゼロは経済成長を阻害するという考えだった。

自民党は政権復帰を果たす二〇一二年一二月の衆院選公約に「原子力に依存しない経済・

社会構造の確立」を掲げたが、安倍政権発足後は原発を活用する路線へと大きく舵を切る。安倍首相は、「原子力規制委員会が世界で一番厳しい基準で安全と判断すれば、国としては再稼働していきたい」と原発再稼働を容認した。

さらに、原発輸出についても、「福島第一原発事故の経験と教訓を世界と共有することで、世界の原子力安全の向上に貢献する」との理屈で、「トップセールス」役を買ってでた。トルコやポーランドなどを訪問し、日本企業が原発を輸出する環境整備を積極的に行った。

安倍首相の対応は冷淡そのものだった。

VS原発推進メディア

ヒートアップする小泉氏の発言に、原発推進側も反撃に出た。

日本の原発導入を中心になって進めたのは、読売新聞の元社主、正力松太郎氏だ。読売新聞は三・一一後も、一貫して原発の活用を認める論陣を張っている。

その読売新聞が二〇一三年一〇月八日付朝刊に、「『原発ゼロ』掲げる見識を疑う　小泉元首相発言」と題した社説を掲載した。

「首相経験者として、見識を欠く発言である。原子力政策をこれ以上混乱させてはならない。小泉氏の発言は、政府・自民党の方針と異なる。政界を引退したとはいえ、看過できない。小泉氏は原発の代替策について「知恵ある人が必ず出してくれる」と語るが、あまりに楽観的であり、無責任に過ぎよう。小泉氏は、「原発ゼロ」の理由として、原発から生じる放射性廃棄物の扱い方を疑問視し、「核のごみ処分場のあてもないのに、原発を進める方がよほど無責任ではないか」と主張した。処分場の確保に道筋が付かないのは、政治の怠慢も一因と言える。首相だった小泉氏にも責任の一端があろう。処分場選定を巡る議論を進めるべきである」（抜粋）

小泉氏は真っ向から反論を試みる。一〇月一九日付の読売新聞「論点」というコーナーに、社説への反論文を寄稿したのである。元首相が新聞の社説に反論する投稿を行うことなど、前代未聞だった。

反論で力を込めたのは、やはり最終処分場の問題だった。

「読売新聞は一〇月八日の社説で、私の考え方について、「あまりに楽観的であり、無責任」で見識を疑うと批判した。だが、政治で大切なことは、目標として大きな方向を打ち出すことだと思う。日本は、原発から生じる放射性廃棄物を埋める最終処分場建設のメドが付いていない。核のごみの処分場のあてもないのに、原発政策を進めることこそ「不見識」だと考えている。社説は「処分場の確保に道筋が付かないのは、政治の怠慢も一因と言える。首相だった小泉氏にも責任の一端があろう」との見解だ。私はこの説を否定するつもりはない。政治的責任もあるが、多くの国民の根強い反対や抵抗があるから、処分場建設が進まないのではないだろうか。東日本大震災、津波、原発事故というピンチを、チャンスに変える時が来たと受け止めたい」（抜粋）

読売新聞は小泉氏の寄稿文の下に、遠藤弦《ゆずる》論説委員の「再反論文」を同時に載せ、一歩も退かない姿勢をみせた。

「政治が「原発ゼロ」という大きな目標を打ち出せば、原発の代替エネルギーや、原発技術者の確保策は見つかる。小泉元首相は本紙への寄稿の中で、こう主張するが、経済活動や国民生活への悪影響を考えれば、楽観論は採れない。今、「原発ゼロ」を掲げれば、原発技術者は海外に流出し、原子力を学ぶ人材も減るだろう。原発輸出を成長戦略の柱にすることもできなくなり、東京電力福島第一原発の廃炉作業にも支障が出かねない。原子力の平和利用や核不拡散を巡る日米協力の障害ともなろう。小泉氏は原発から生じる放射性廃棄物の処分場建設のメドが付かないことを「原発ゼロ」を唱える根拠の一つとする。「メドが付かない」というのではなく、「メドを付けるの」が政治の責任である」（抜粋）

小泉vs読売の論点となった高レベル放射性廃棄物の最終処分場問題は、安倍晋三首相も首を突っ込んでくることになる。

安倍首相の反撃

小泉氏が日本記者クラブで「原発ゼロ」を主張した日から一週間ほど後のこと。高レベル放射性廃棄物の最終処分場問題について、今度は安倍首相が小泉氏に「反撃」してきた。

最終処分場の候補地を決める方法について、地方自治体の立候補を待つ従来の方法から、国が主導して適地を選ぶ方式に改めることにしたのだ。

朝日新聞は二〇一五年七月一〇日付朝刊の連載記事「原発回帰　再稼働を問う」で、原発推進官庁の経済産業省幹部職員が「国としてきちんと取り組んでいる姿勢を示す必要がある」と明かしたと報じた。それだけ、安倍政権としても小泉氏の指摘を意識していたといえる。

経産省は有識者に諮って正式にこの方針を決め、安倍政権は関係閣僚会議を設置した。そして、二〇一四年四月、国の中長期的なエネルギー政策の方向性を定める「エネルギー基本計画」を閣議決定し、そのなかに「高レベル放射性廃棄物については国が前面に立って最終処分に向けた取組を進める」と明記した。

小泉氏も黙っているわけがなかった。小泉氏は再反論する。ポイントは「国が決めて、住民が受け入れるのか」という民主主義の根幹に関わることだった。

この年の七月。約四千人が会場を埋め尽くした東京国際フォーラム。

小泉氏は力を込めて訴えた。

「福島の原発事故前から、住民の強い反対で（最終処分場は）できていない。それを福島の事故が起きた後に、なおかつ原発止めようという声が大きいにもかかわらず、これからは政府が場所を決めると言っている。そんなことで住民が協力するのか。甘い見通しだ」

高レベル放射性廃棄物の処分問題。これは小泉氏ら脱原発派にとっても頭の痛い問題だ。というのも、原発が稼働してすでに四〇年超。原発を止めても、この間に溜め続けてきた「核のゴミ」をどこでどう管理し処分するのか。この難題が残るからだ。

各地の原発からでた使用済み核燃料は、再処理して再び核燃料として使う「核燃料サイクル」を前提として、青森県六ヶ所村の再処理工場に運び込まれる。

一九九五年四月、田中眞紀子科学技術庁長官（当時）は青森県の木村守男知事と、使用済み核燃料を一時的に管理する際の条件として「知事の了承なくして青森県を最終処分地にできないし、しないことを確約します」と約束する文書を交わした。

使用済み核燃料を再処理してプルトニウムを取り出し、再び核燃料として使う「核燃料サイクル」が機能するうえでは、使用済み核燃料は「資源」という位置づけだった。青森県に運び込まれる使用済み核燃料は再処理されて県外に運び出されるため、最終処分地にはならない、という理屈だ。

つまり、原発をゼロにし、核燃サイクルからの撤退を決めた瞬間に「資源」は「ゴミ」となり、国と青森県の約束は反故《ほご》になってしまう恐れがある。

実際、民主党政権が二〇一二年秋に「二〇三〇年代の脱原発」方針を決める際、青森県側は「私どもはごみ捨て場ではない」（三村申吾同県知事）などと強く反発した。

この問題の根深さを意識した動きもあった。

民主党の馬淵澄夫元国土交通相は党内の有志を集め、「原子力バックエンド問題勉強会」を開いた。二〇一二年二月にまとめた第一次提言で、「需要者と負担の公平性が確保された処理方策を導入する」とし、使用済み核燃料を沖縄県をのぞく各都道府県や、電力会社九社の管内で保管する案などを示した。

この提言は、党内議論を喚起する狙いがあった。だが、民主党内では電力労組出身議員らが脱原発に強く反対するなか、腫れ物に触るかのような雰囲気が漂い、うやむやになっていった。

小泉氏もこの問題を自覚し、使用済み核燃料を当面の間、保管する中間貯蔵施設の必要性に言及する。それはあくまで原発ゼロを前提としている。

まず、原発ゼロ方針を決める。そして、今後は「核のゴミ」を増やさないことを国民に約束したうえで、使用済み核燃料を管理する。こういう考え方だ。

「私はゼロにすると決定してからじゃないと、国民の協力が得られないと思う。再稼働して増やしていくなか、また核のゴミが出た段階で処分場作ってください、協力してくださいと言っても無理」（二〇一四年七月の講演）

こうした小泉氏の主張はじわじわと浸透しつつある。

政府は二〇一五年五月から、安倍政権が新たに決めた最終処分場の選定方針について説明するシンポジウムを各地で開いている。

その一環として、同じ年の一〇月二四日に「全国シンポジウム「いま改めて考えよう地層処分」ｉｎ名古屋」が開かれた。

第一部は、あらかじめ用意された質問を司会者が読み上げ、壇上に並んだ「専門家」が回答していくという構成だった。第二部は、約二七〇人のシンポジウム来場者との質疑応答に充てられた。

第一部。質問はこれまでのシンポジウムで寄せられた質問から抽出したものだが、実は小泉氏が批判するポイントにも重なっていた。

「日本にちゃんと処分できる場所があるのでしょうか」

「最終処分まで、一〇万年間もかかる。どうやって安全を確保するのでしょうか」

「まずゴミを出さないのが先で、再稼働しない方がいいのではないかという声があるのも事実ですが」

この日のパネリストは、経産省資源エネルギー庁の担当課長や日本原子力研究開発機構（ＪＡＥＡ）の部長、原子力発電環境整備機構（ＮＵＭＯ）の理事といった面々だった。

居並ぶ原発推進論者が「地下三〇〇メートルより深く埋設する。人間が近づくのは容易でなく、厚い岩盤で隔てられ、自然現象から遠ざけることが可能」「綿密で入念な調査を三段階で行う」という回答を重ねていった。

そして、エネ庁の担当課長は「日本において原子力を使うということは、誰か特定の少数者が決めたことではなく、社会として選択してきた歴史が事実としてある」としたうえで、「廃棄物の問題について、放置し続けることはしたくない。我々の世代で解決の道筋をつけたい」と理解を求めた。

だが、この後に約一時間行われた質疑応答では、質問に立った九人中八人が政府の新方針に懐疑的だった。特に、エネ庁担当課長が口にした言葉に対して批判が集中した。

ある女性は「現役世代の責任として、溜まったものはどうしようもなく、責任として考える。ただし、これ以上は放射性廃棄物を増やさない。つまり、原発はこれ以上動かしてはならない、それが私の責任だと思っている」と主張した。

岐阜県多治見市の中道育夫元市議会議長は「国民合意で原発を使ってきたと発言したが、都合のいい情報のもと、暗黙のうちに合意したという懸念が国民にある。それを合意した事実として報告するのはいかがなものか」と批判した。

原発の安全性についても疑念の声が相次いだ。

中道氏は「人には許容できるリスクとできないリスクがある。化石燃料が増えて料金が高くなるリスクは許容できるが、全てを失うかもしれないリスクは許容できない。許容できないリスクがあるから、原発に対して大きな拒否反応がある」と指摘した。

別の男性も「田中俊一原子力規制委員長は安全と言っていない。安全と言っているのは安倍総理だけだ」と主張した。

こうした原発推進に批判的な声が渦巻くなか、唯一、スーツ姿の男性だけが「エネルギー安全保障を考えた場合、原発は必要。もっと言えば、私は核武装論者だ。事故を起こしたのも菅直人のせいでしょ」と壇上の原発推進派を擁護した。

パネリストに原発推進派ばかりを並べた運営手法に対しても、「シンポジウムという限りは、賛成と反対と双方の意見を戦わせ、初めて素人の不信と懸念が払拭されるのではないか」といった疑問が投げかけられた。

だが、主催者である経産省がこうした質問に答えることはなく、来場者とのやりとりは最後まで平行線をたどった。

米国の「圧力」

脱原発に対する「壁」として、よく語られるのが米国の存在である。なぜ、米国が障壁となるのか。その理由として、二つのことがしばしば語られる。

一つ目は、米国内の原発関連産業との関連だ。

一九七九年のスリーマイル島原発事故以降、二〇一二年に米原子力規制委員会（NRC）が三四年ぶりに建設を許可するまで、新たな原発の建設は凍結されてきた。

最近では「シェールガス革命」もあり、米国内における原発の必要性は低下し続けている。このため、米国の原発関連企業は日本企業との連携を深めることで、生き残りを模索している。

二〇〇六年には米原子力発電大手ウェスチングハウスが東芝傘下に入り、〇七年にはゼネラル・エレクトリック（GE）も日立製作所と事業統合、といった具合だ。もし日本が脱原発を決め、原発産業が衰退した場合、こういった米国の原発関連産業も大きな影響を受けることは避けられない。

二つ目が、核不拡散上の観点である。

日本で行われているように、使用済み核燃料を再処理すれば、核兵器に転用可能なプルトニウムを抽出することができる。実際、日本国内には二〇一四年末現在で四七・八トンのプルトニウムがある。

脱原発を決めた場合、再処理してプルトニウムを抽出する「大義名分」が失われてしまう。国際原子力機関（IAEA）の厳格な管理下に置かれているとはいえ、同盟関係にある日本の大義なきプルトニウム保有は、「核」の拡散に神経をとがらせている米国にとっては大きな懸念材料だ。

実際、「米国の影」がちらついたことがあった。

二〇一二年八月、民主党の野田佳彦政権が二〇三〇年代の脱原発方針を決めようと、議論が大詰めを迎えていたときのことだった。

エネルギー政策の方針を議論する野田政権の「エネルギー・環境会議」が、将来の脱原発や核燃サイクルの見直し方針を固めつつあった。すると、アーミテージ元米国務副長官ら超党派のアジア専門家らが「今後、世界の原発建設で中国が台頭していく」との見通しを示し、「日本も後れをとるわけにはいかない」との報告書を発表した。

日本の脱原発方針に対する「警告」だった。そして、九月八日に訪日したクリントン米国務長官は、野田首相に「米国も関心を持っている」とクギを刺した。

こうした米国の「圧力」に慌てふためき、九月一二日、首相補佐官の長島昭久氏と内閣府政務官の大串博志氏の両衆院議員が急きょ訪米した。目的は、ホワイトハウスや国務省、エネルギー省に対する、民主党政権の二〇三〇年代脱原発方針の「ご説明」だった。

その際、米国側からは使用済み核燃料を再処理した際に出るプルトニウムの管理をどうするのか、原子力業界の人材育成への影響をどう考えるのか、といった懸念が示された。

同時期に訪米した前原誠司衆院議員に対しても、エネルギー省のポネマン副長官が「米国にも重要かつ深い結果をもたらす」と伝えた。

米国のこうした「ご意向」も踏まえると、野田政権は二〇三〇年代原発ゼロ方針の閣議決定を見送らざるを得なかった。

日本の原子力政策に対するスタンスについて、米国の関係者のなかにも温度差があるのは事実だ。特に、核不拡散を重視する立場からは、プルトニウムの利用が計画通りに進まず、溜まる一方の日本の現状に厳しい視線が注がれている。

二〇一三年一二月五日、東京都内で朝日新聞社と米プリンストン大学が主催したシンポジウム「核燃料サイクルを考える~日本の選択はどうあるべきか」。

オバマ政権前期にホワイトハウス科学技術政策局次長を務めたスティーブ・フェッター氏は「日本は再処理をやめるべきだ。それが無理なら、利用計画を明らかにし、プルトニウムを必要最低限の量まで減らさなければならない」と指摘した。

さらに、施設がテロの被害に遭う可能性のほか、近隣諸国が日本の潜在的核保有に疑念を持つ、と問題点を提起した。他国に悪影響が出るなら、いっそのこと日本も再処理をやめてしまえ、という考え方である。

日本の原発政策について米国はどう考えているのか。米国の真意を探りに行った人物がほかにもいた。

二〇一二年四月に訪米した民主党の馬淵澄夫元国土交通相だった。

その直前の一月、原発推進の米エネルギー省幹部と核不拡散を担当する米国務省幹部が、米国とベトナムの原子力協定締結に際し、「核不拡散のリスクの増大なく平和的な原子力利用の推進がゴールであり、この達成のための最善の方法は、ケースバイケースで考えることを基本に原子力協定交渉を追求することである」との提言書を米議会に提出していた。

そもそも米国は日本以外の非核保有国に対し、使用済み核燃料の再処理に対して厳しい姿勢をとり続けてきた。馬淵氏はバーンズ国務副長官と会談した際、ウラン濃縮と再処理を認めないという従来の方針に変わりがないか確認をした。

バーンズ氏の答えはこうだった。

「ウラン濃縮と再処理については各国の可能性を排除するものではないが、一般的には核不拡散の観点から止めていかなければならない」

馬淵氏は二〇一三年一二月四日付のブログで、「国務省は核不拡散の観点から濃縮・再処理を認めたくない、一方でエネルギー省は原子力産業の保護育成と雇用の確保のためにも様々な判断を可能なものとする。つまりは「ケースバイケース」と米政府が語ることによって、国務省とエネルギー省の両者の利益をいかようにも取れ得《ママ》るようにしている」と分析した。

政治の決断

小泉氏はそんな米国をどう見ているのか。

かつてブッシュ米大統領と強い信頼関係で結ばれていた。イラク戦争の開戦に際し、各国首脳に先駆けて「支持」を表明した。

果たして、脱原発は米国との関係上、可能なのか。

私たち（関根慎一、冨名腰隆）は小泉氏へのインタビューで聞いた。

「日本が原発ゼロにすると言ったとき、米国がそれを認めますか？」

小泉氏は間髪を入れず断言した。

「米国は日本の要求は認めます！　同盟国だから」

その声は部屋中に響きわたった。

一方で、小泉氏はこう続けた。

「一部にはあるよ。原子力推進論者、研究者の中には認めない（という意見が）」

そうなのだ。気になるのはその点である。

私たちはさらに突っ込んだ。

「例えば、原子力産業の族議員やエネルギー省の意向は、そんなに強く影響しないということですか?」

「強く影響されますよ。しかしそれを乗り越えるのが政治なんですよ。政治家の判断なんですよ」

ここでも小泉氏が強調したのは「政治の決断」だった。

私たちは「米国の考えが原発ゼロに影響するということは、ないということですか」と重ねて聞いた。すると小泉氏は「情けない、それを考えてる人は。日本の意向を米国が認めない?　同盟国なんですよ。米国は日本を信用しますよ」と繰り返した。

民主党政権時代、米国の「影」がちらついた経緯についても聞いた。

「そういう話は聞いているけども、それは総理がしっかりと判断を下せば、米国断りませんよ。首脳の信頼関係ができれば、日本の意向を絶対尊重します」と言い切った。

第三章

原点

環境宰相

政治家・小泉純一郎といえば、多くの人が思い浮かべるのは「郵政民営化」だろう。

二〇〇五年八月八日、参議院で郵政民営化関連法案を否決され、首相官邸から国会へ向かう時のことだった。

総理番から「総理、解散ですか」と声をかけられた小泉氏は、ニヤリと笑みを浮かべ、大きく二度頷いた。その目は、いま思い出しても、鳥肌が立つような凄みのあるものだった。

その日、小泉氏は衆議院を解散し、総選挙に打って出た。

「本当に郵政民営化が必要ないのか、国民の皆さんに聞いてみたいと思います。いわば、今回の解散は郵政解散であります。郵政民営化に賛成するのか反対するのか、これをはっきりと国民の皆さんに問いたい」

殺気立った顔つきで記者会見に臨んだ姿は、日本政治史に残る「事件」として、いまも語り草になっている。

一つのテーマを世に問うため、首相による最大の権力行使ともいえる解散を断行した衝撃。それに加え、参議院での法案否決を理由に衆議院を解散することも、当時は賛否両論を巻き起こした。

小泉氏は会見で、「参院で否決されたから（衆院を）解散するのはおかしいとのことだが、前から申し上げている通り、これは小泉内閣が発足してから本丸と位置づけていた。なぜこれだけ反対するのか理解できない」と反論した。だが、きちんとした説明にはなっていない。

もちろん日本国憲法上、参議院に解散権は及ばず、衆議院解散以外に選択肢はなかったゆえの判断なのだろう。いずれにせよ常軌を逸した政治行動であったことは否定できない。

たとえすべての人が反対しても自分が正しいと考える道を突き進むのは、現在の「原発ゼロ」運動にも通じる小泉氏の政治哲学といえる。当時の小泉氏が自身の正当性を訴えるために持ち出したのは、イタリアの天文学者、ガリレオ・ガリレイだった。

「四〇〇年前、ガリレオ・ガリレイは、地動説を発表して有罪判決を受けました。そのときガリレオは「それでも地球は動く」と言ったそうであります。私はいま国会で「郵政民営化は必要ない」という結論を出されましたけど、もう一度国民に聞いてみたいのです」

選挙の投開票は九月一一日に実施され、自民党は改選前を上回る二九六議席を獲得した。連立政権を組む公明党とあわせると三分の二以上の議席を占める大勝利を収めた。

選挙後に開かれた特別国会で、政府は郵政民営化関連法案を再提出し、衆参各二日間というスピード審議の末、一〇月一四日に成立した。

参議院の構成は選挙前と同じだったが、前回は反対・棄権した議員のうち二七人が賛成に転じた。小泉氏は、まさに民意を使って国会議員の投票行動を変えさせたのだ。

あまりに印象の強い郵政民営化だが、その根底にあるのは「官から民へ」という発想である。

一九七二年に初当選した小泉氏は、当選一回から大蔵委員会に所属した。初の政府入りは七九年、第二次大平正芳政権での大蔵政務次官だった。その後、自民党財政部会長を務めるなど、生粋の大蔵族議員として育った。行財政改革の必要性を一貫して唱え、やがてその本丸を郵政民営化に据えるようになる。

九七年二月、第二次橋本政権で厚生相として入閣した小泉氏は、衆院予算委員会で太陽党の奥田敬和議員から、郵政民営化について「政治家としての持論をお聞かせ願いたい」と水を向けられた。すると、「役所がやらなくていいこともやっているのだから、どんどん民間に任せていけば民間も活況を呈する」と持論を展開した。

これに対し、堀之内久男郵政相が「ただいま小泉大臣からは《ママ》、大変な暴言だと私は理解をした。私は、国家財産の売り食いをやってそれで国民が理解できるとは思っておりません」などと反論し、答弁席側で言い合いになる事態が発生した。

その後、小泉氏は月刊誌『新潮45』（一九九七年五月号）に、「『暴論』どこが悪い」とのタイトルで寄稿している。

「何といっても内閣の命運をかけても大改革しなければならないのは、「行政改革」「財政改革」「経済構造改革」「金融制度改革」の四つであろう。そして、この四つの改革を断行するには、間違いなく「郵政三事業の民営化」を抜きにしては考えられないことなのである。（中略）いうならば「行財政改革」とは、既得権を維持しようとする勢力と既得権をぶち壊そうとする勢力との戦争である。そしてその中の最大の戦場が「郵政三事業の民営化」問題なのだ」

郵政民営化に隠れがちではあるが、私（冨名腰隆）は環境政策もまた、小泉氏の政治家人生を語るうえで欠かせない要素であると感じている。

小泉氏自身が認めるように、東日本大震災による東京電力福島第一原発の事故をきっかけに、「原発推進」から「原発ゼロ」に転向したのは確かだ。

しかし、資源・エネルギー問題や地球温暖化などの課題には早い段階から関心を示し、首相としてもいくつかの実績を残している。厚生相だった九七年の著書『小泉純一郎の暴論・青論』には、水資源問題に関するこんな一文がある。

「かつて日本は、水に恵まれた国と思われていました。水はただ同然で手に入るものと思われていたんです。しかし、飲み水に限れば、水はガソリンよりも高いものになりつつあります。日本はガソリンの高い国のひとつです。二五年ほど前、中東の戦争により、石油ショックという事件が起こりました。以来、日本政府は石油の確保を重要課題としてきました。そのガソリンよりも高い水を飲むようになるとは、私などは驚くばかりです。同時に、水をもっと大切にしていかなくてはと、痛感せざるを得ません。もう、日本の水は無尽蔵なものという考えは捨てて、水をどうしたら有効に利用できるかを、国民ひとりひとりが真剣に考える時期に来ているのではないでしょうか」（抜粋）

資源なき国家に生きる日本人こそ、贅沢や無駄遣いをやめようという考えは、行財政改革や郵政民営化、さらにはシンプルな言葉を好んで使う小泉氏の言動すべてに通じる精神のように思える。

そんな小泉氏は、どのような環境政策に取り組んできたのか。東日本大震災後から「原発ゼロ」に取り組むようになった小泉氏。「転向」と揶揄するのは簡単だが、実は、そこには一貫した哲学がある。

「ピンチはチャンス」の原点

小泉語録の中に「ピンチはチャンス」という言葉がある。

初陣選挙で落選、自民党総裁選での二度の敗北、郵政民営化法案の参院否決……。振り返れば政治家としての小泉氏の歩みは、決して順風ではなかった。むしろ、負け続けたともいえる。だからこそ、自らの経験から得た人生訓のようなものなのだろう。

二〇〇六年一月二五日の参院本会議で、この言葉にまつわる考え方を端的に述べている。

「たしか、チャップリンだと思いますけれども、人生に大事なことは、夢と希望とサムマネー。ビッグマネーは必要ないと、サムマネーでいいと、夢と希望が大事だと。いろいろな事態が起こっても、あるいは困難があっても、それを克服して、それに挑戦する勇気と志を持って、失敗を成功に変えるような努力が必要ではないかと思っております。（中略）人生で大切なことは、失敗しないことではなく、この失敗を生かして次の成功に生かすことだと私は思っております。どうか若い方々、高い志と勇気と希望を持ってこれからも頑張っていっていただきたいと思っております」

このように小泉氏がしばしば持ち出す「ピンチはチャンス」。そこには、小泉氏の原体験が関係している。それは、七〇年代の「石油危機」である。

一九七三年は、「狂乱物価」が日本を襲った年だった。前年に首相に就いた田中角栄氏の「日本列島改造論」により、開発需要を当て込んだ不動産投機が横行し、インフレが加速した。消費者物価の上昇率は前年比一〇%を超え、値上がりを見込む企業側の買い占めや売り惜しみが相次いだ。この混乱に対処するため、七月に「買占め防止法」が制定され、まず大豆や絹織物など一四品目が指定された。

一時はモノ不足が落ち着いたようにみえたが、一〇月に始まった第四次中東戦争が追い打ちをかけた。アラブ諸国がイスラエル寄りの国々への石油輸出制限と原油値上げを決定するなど、石油を戦略物資として使い始めたのだ。これにより、原油公示価格は一九七四年初めまでに約四倍（一バレル＝一一・六五一ドル）まで急騰した。

世界経済は大混乱に陥り、インフレの大波が再び日本列島を包んだ。

「モノがなくなる」

そんな風評が主婦たちを一気に買いだめに走らせた。

一〇月二二日、大阪・千里ニュータウンの大型スーパーで、トイレットペーパーが四トントラックから運び込まれていた。その仕入れ作業が「あんなに仕入れるのは、トイレットペーパーがなくなるからだわ」という主婦たちのうわさにつながり、たちまち団地内を駆け巡った。

　スーパーは同月二四日に、百円均一セールを行った。四ロールで一パックのトイレットペーパーが特設会場に一七〇〇パック分並べられた。三日分を想定して用意した量が、二時間足らずで売り切れた。

　その様子が新聞やテレビで報道されると、買いだめ騒動が全国に飛び火した。一一月四日付朝日新聞朝刊のコラム「天声人語」は、こんな一文で冷静な行動を呼びかけている。


「口コミとはまことに恐ろしい。大阪・千里ニュータウンでトイレットペーパーがないというニュースが伝わるや、パニックは、その日の午後から大阪市内を中心に、近畿の府県、果ては東京にまで波及していった（中略）二年分のトイレットペーパーを買い込んだ人もある。公団の狭い部屋に、紙の山ができて、寝るところもないという人もあれば、いなかへ電話して、紙の買いだめを頼んだという例もある。血相を変えて、買いだめにかけ出すのは、三十五、六から四十歳代の人に多いというのが特徴だそうだ。戦中派である（中略）▼「それにしても、なんだか戦中のような感じだな」と、昭和一ケタの男がいう。油がなくなるぞ、紙が不足だ。値が高いか、無くなるか。伝わってくる話が、そればかりというところは、まさに戦前であって、暗い。暗さに戦中派はおびえている▼おびえたものには、立ち木もばけ物にみえる。ちり紙不足はウソだと通産省も断言している。「あれは立ち木だ」と心を静めて、買いだめに走り回るのは、もうやめよう。役所は人のおびえにつけ込んだ値上げ、売り惜しみに、徹底した手を打ってほしい」

政府は「モノは十分にあるので心配しないよう」と再三呼びかけていた。その一方で、石油不足に備えるための消費量削減や配分の適正化、ならびに価格の安定を目的とした「石油需給適正化法」と、値上がりの激しい品目に標準価格を設定し物資の割り当てや配給制も認める「国民生活安定緊急措置法」の、いわゆる石油二法を国会に提出し、一二月にあわただしく成立させた。

結局、産油国による輸出制限の足並みが乱れたのに加え、アラブ産油国の石油相会議が日本への供給改善を発表したことで、石油危機は次第に収束に向かった。

日本の高度成長期が一服し、豊かさや幸福感に対する価値観に徐々に変化が生まれるこの時代は、小泉氏が政治家人生を歩み始める時期とぴたりと重なる。

慶応大学経済学部を卒業後、ロンドンに留学していた小泉氏は、一九六九年八月、父・純也氏の死去に伴い帰国した。一二月の総選挙に出馬するも、約四千票差の次点で落選した。

意外ではあるが、小泉氏自身は選挙を長らく苦手としていたようだ。前述の『新潮45』にはこんな記述もある。

「祖父も父も政治家の家庭で、私は早くから「お前は政治家になるのだ」といわれて育てられてきた。二十代まではそれが嫌でずいぶんと反抗もしてきた。いまでも選挙運動が始まると、憂鬱になる。自分の顔写真のポスターが街中いたるところに貼られ、みんなの迷惑も顧みず「お願いしまーす」と頭を下げて回り、「自分はこうやりますよ」なんて、いいことばかりを臆面もなく街頭に立ちマイクで述べなければならない。一般の常識からすれば非常識な感覚であると思う。しかし政治家である以上、それをあえてしなければならない。正直、何度経験しても好きになれるものではない。できることなら、なるべく早くこの世界から足を洗いたいと思っている」

落選した小泉氏は、後に首相となる福田赳夫氏に師事し、秘書となった。朝、地元の横須賀から二時間かけて東京・世田谷の福田邸に通い、相談や陳情目的で福田氏のもとを訪ねる政治家や財界人らを世話するための下足番を務めた。

そのころ、頻繁に顔を合わせていたのが、後に財務相として小泉政権を支える「塩爺」こと塩川正十郎《まさじゅうろう》氏だった。塩川氏は二〇一五年九月、肺炎のため九三歳で死去した。数日後に大阪府吹田市で行われた告別式には小泉氏も出席し、「友人代表」として弔辞を読んだ。

「私が塩川先生と初めて出会ったのは、福田赳夫先生のお宅で玄関番のようなことをさせていただきながら政治修業をしていた頃でありました。当時の福田邸は角福戦争華やかなりしころで、朝七時頃から来客が多く、中でも塩川先生はさっそうと格好よく、声が大きく、低音の大阪弁が印象的な若手代議士でした。私は落選中でした。慶応大学の後輩という気安さがあったのでしょう。よく声をかけてきてくれ、私が次の選挙で当選できるように様々な助言をいただきました。私が初当選を果たしてから、何かと面倒をみてくださり、常に温かな、そして、的確な忠告をいただき、敬愛すべき先輩としてご指導を賜りました。そのご温情は生涯、変わることはありませんでした」

秘書としての約三年間は、昼まで福田邸で働き、午後になると横須賀に戻って政治活動にいそしむ、そんな日々だった。

このころ、石油危機より先に日本を襲ったもう一つの出来事があった。米国による通貨政策の転換だった。一九七一年八月一五日、ニクソン米大統領が金とドルの交換停止を突然宣言した。いわゆる「ニクソン・ショック」である。

当時、ドルは一定の割合で金と交換できる唯一の通貨だった。各国の通貨当局はドルとの交換レートを固定することで自国通貨の値打ちを定めた。

この「固定相場制」は金との連関がなければ維持できず、為替レートは金利差や流通量に応じた変動を余儀なくされた。戦後日本経済の基軸だった「一ドル＝三六〇円」は、一二月に「一ドル＝三〇八円」とすることで固定相場制を保とうとしたが、これも長続きせず、一九七三年春に変動相場制に移行した。

浪人中だった小泉氏は、支持拡大のため有権者との対話に明け暮れていた。しかし、次の選挙に備えて一〇〇～二〇〇人規模の集会を開こうと案内を配っても、駆けつける参加者は五人程度しかいなかった。そこで、大きな会場を借りる講演会をやめ、少人数の座談会を数多くこなす作戦に切り替えた。まだ二〇代だった小泉氏にとってみれば、分かりやすい説明で身近さをアピールすることが肝心だった。

米軍基地を抱える横須賀には、現在でもドルで飲食や買い物ができる店が多く存在する。為替ルールの変更によってもたらされる影響は決して小さくないのだが、一般市民にはその内容が理解しにくい。

「一ドルが三六〇円から三〇八円になるのに、なんで「円高」って言うんだ」

「いったい我々の生活はよくなるのか、それとも悪くなるのか」

座談会では連日、こんな質問が飛び交い、小泉氏は不安を取り除くべく一生懸命説明した。

一九七二年一二月の総選挙でようやく念願の初当選を果たすと、希望していた大蔵委員会に所属した。通貨の安定政策が重要課題になっていた。小泉氏にとって、買いだめ・売り惜しみや石油危機に伴うインフレ対策は、政治家として最初に取り組んだ政策テーマとなったのである。

一九七三年六月、衆院大蔵委員会で人生二回目の質問に立った小泉氏は、早速、物価安定問題を取り上げ、政府対応について愛知揆一《きいち》蔵相に今後の方針をただしている。

新人議員だった小泉氏の政策的立場に影響を与えたのも、やはり政治の師である福田赳夫氏だった。

石油危機に襲われた日本は、田中角栄氏の日本列島改造論にみられるような高度経済成長路線を維持することは不可能な状況に陥った。

一九七三年一一月に愛知蔵相が死去すると、田中首相は福田氏に後任に就くよう求めた。福田氏はその条件として、大型開発・公共事業中心の経済政策からの転換を迫った。

もともと大蔵省主計局長まで務めて、官僚から国会議員になった福田氏は、均衡財政のもとでの安定的な成長を志向していた。自身三度目の蔵相となった福田氏は、日本経済の「全治三年」を掲げ、財政を抑制し、企業への成長期待を絞り込み、国民に対しては消費需要を抑制するよう繰り返し求めた。この「総需要抑制策」を進めるとともに、二度と石油危機を起こさぬよう国家主導の備蓄政策や省エネルギー投資への環境整備を促進した。

田中氏と福田氏の決定的な違いは、「豊かさ」に対する価値観にあるだろう。雪国・新潟で育ち、「国土の均衡ある発展」を求めた田中氏に対し、東洋思想の影響を受けた福田氏は、老子の「足を知る者は富む」の教えを地で行くような政治家だった。

こんなエピソードもある。一九七二年六月、自民党総裁選に田中、福田、大平正芳、三木武夫の四氏が立候補した。七月、福田氏は田中氏との決選投票の末に、敗北した。

翌朝、揮毫《きごう》を依頼された福田氏は、秘書の小泉氏に墨をするよう指示した。

「昨日の今日だ。「臥薪嘗胆」とでも書くのだろうか」

興味津々で見守っていた小泉氏の横で筆を執った福田氏は、老子の教えである「上善如水（上善は水の如し）」としたためた。柔らかくしなやかに形を変えつつも、水のように争わない生き方こそ、最も強くたくましいとの意味だ。

郵政民営化関連法案を審議していた二〇〇五年八月の参院特別委員会で、小泉氏はこの出来事を紹介した。

「（福田氏は）あの敗北を淡々と受け入れているんですね。あるいは、いずれ天は自分を見捨てないであろうと、いつか時が来れば、自分もまた上善水の如しのように、いつかは自分の能力を生かす立場に天は立たせるのではないかという気持ちもあったと思います。「上善如水」というのは私にとっては忘れられない言葉です」などと語っている。

小泉氏の「石油危機」から得た教訓を聞けば、福田氏の思想に影響を受けていることが感じられる。

二〇一五年一一月八日、東京都千代田区で開かれた「日本食育学会シンポジウム」で講演した小泉氏は、石油危機の時代をこう振り返った。

「なぜあの時パニックが起きたのか。石油は金さえ出せば買えると思っていた。戦前の「油の一滴は血の一滴だ」という言葉を忘れ、金さえあれば買えるという考えで代替エネルギーを用意していなかった。石油危機を経験して、日本は一バレル＝五〇ドル、一〇〇ドルの時代に備えて備蓄をしていこう、省エネ技術を発展させていこう、代替エネルギーを開発していこうという発想のもと、四〇年間やってきた。その一バレル＝一〇〇ドル時代が本当に来たが、パニックは起きなかった。必要は発明の母だと、省エネ技術や代替エネルギーを開発したからです。日本国民はいつもピンチをチャンスに変えてきた」

そしていま、小泉氏の「ピンチはチャンス」が向かう先は、言うまでもなく「原発ゼロ」である。小泉氏は講演で、石油危機当時に発電電力量の七割を占めていた石油エネルギーへの依存度が減った背景に原発の存在があったことを認めつつ、こう力を込めた。

「だからこそ、これから原子力の部分を自然エネルギーに変えていく。努力すれば必ずできる。環境先進国になったのも、あの石油危機のピンチがあったからです。原発事故も悲惨だったが、この事故を自然エネルギーに変えるチャンスだと受け止めるべきだ」

「すべての公用車を低公害車にせよ」

二〇〇一年四月二四日、小泉氏は自民党総裁選に勝利し、第二〇代総裁に選ばれた。最大派閥の支援を受けた元首相・橋本龍太郎氏を予備選となる地方票で圧倒し、地滑り的な大勝となった。

二日後の衆参両院の首相指名選挙で正式に首相に選ばれた小泉氏は、首相官邸で会見し、「小泉内閣は改革断行内閣だという気持ちで取り組んでいきたい。改革には必ず抵抗する勢力、反対する勢力が出てくる。その戦いはきょうから始まった。抵抗にひるまないように、断固、改革に立ち向かっていきたい」と力を込めた。

第一弾の改革として何に着手するのか。国民の関心が高まる中で、小泉氏は五月八日の閣議で全閣僚に指示を出した。

「原則として、すべての一般公用車について〇二年度以降三年をめどに、低公害車に切り替えよ。今年度においても交換する公用車は、すべて低公害車にするように」

低公害車とは、当時の基準で電気自動車、天然ガス車、メタノール車、電気モーターとガソリンエンジンを組み合わせたハイブリッド車の四種類。

政府は一九九五年に「環境保全に向けた取り組みの率先実行計画」を閣議決定し、二〇〇〇年度には公用車の一〇％を低公害車にする目標を定めていたが、実際は六％程度と低迷していた。今でこそ広く普及したハイブリッド車だが、当時生産を始めていたのはトヨタとホンダだけだった。

「大臣や幹部の移動用としては内部が狭すぎる」「ガソリン車と比べて割高で、コストもかさむ」などと敬遠されていた。一割にも満たなかった低公害車の導入率を、小泉氏は首相に就任するやいなや、一気に一〇〇％にするよう指示したのだ。

当然ながら、霞が関の官僚たちは小泉氏に再考を促した。

二〇〇一年五月二日、首相執務室に入った環境省の太田義武事務次官は「政府の公用車は約七六〇〇台もあります。政府の公用車のすべてを低公害車に切り替えるには七年かかります」と説明すると、小泉氏は「こんなもんじゃダメだ。生ぬるい」と突き返した。

国会の所信表明演説で低公害車導入を宣言すると、直後に会ったトヨタ自動車会長の奥田碩氏に「低公害車の開発をよろしく」と直接打診するなど、矢継ぎ早に手を打った。

方向性には賛同しつつも、「徐々にやればいい」という意見が大勢を占めるなか、小泉氏は「一気に」やることにこだわった。開発に後れをとっているメーカーには死活問題になりかねない。それでも気にする様子はない。

「民間の競争が工夫と活力を生み、技術革新につながる」

それが小泉氏の哲学でもあった。

さらに小泉氏は、環境政策重視の姿勢を鮮明に打ち出していた。所信表明演説ではＩＴ技術や教育への取り組みがそれぞれ二、三行しか触れられなかったのに対し、環境問題には一三行が割かれ、小泉氏らしい平易な言葉で方針が示された。

「私は、二一世紀に生きる子孫へ、恵み豊かな環境を確実に引き継ぎ、自然との共生が可能となる社会を実現したいと思います。おいしい水、きれいな空気、安全な食べ物、心休まる住居、美しい自然の姿などは、我々が望む生活です。自然と共生するための努力を、新たな成長要因に転換し、質の高い経済社会を実現してまいります。このため、環境の制約を克服する科学技術を開発・普及したいと思います。環境問題への取り組みは、まず身近なことから始めるという姿勢が大事です。政府は、原則としてすべての公用車を低公害車に切り替えてまいります」

小泉内閣は国民の圧倒的な期待感を集め、さらなる推進力を得た。

六月一三日に首相官邸で開かれた「「21世紀環《わ》の国」づくり会議」では、「低公害車以外に（産業界に）刺激を与える効果的なものはあるか」と有識者に問い、「太陽光発電を霞が関で活用するよう検討したい。環境省と経済産業省だけでなく、全館的にやるよう考えている」と述べた。

一気に改革を進めようと号令をかける小泉氏対して、冷ややかな見方があったのも確かだ。とりわけ低公害車の導入は、夏に参議院選挙を控えていたこともあり、「選挙用のアピールにすぎない」「看板倒れに終わる」などの声も出ていた。

実現不可能との指摘に、小泉氏が官邸の会議で「原則、全部、公用車を低公害車にする。これほど具体的なものはない。批判する人はどこを見ているのか。この精神構造を変えなければいけない」という立ちを見せる場面もあった。

産業界からも予期せぬ反応が出た。小泉氏の指示を受けた川口順子環境相と平沼赳夫経済産業相が日本自動車工業会の会長も兼ねていた奥田氏に協力を要請すると、「ハイブリッド車を持っていないところはどうするのか。メーカー間で不公平が出てしまう」と危惧を表明した。

当時、ハイブリッド車の生産を開始していたトヨタ、ホンダに対し、日産はさらにクリーンな低排出ガスを実現したガソリン車を開発していた。こうした技術が低公害車として扱われないことに、再定義を求めたのだ。

改革に「スピード感」を求める小泉氏の決断は早かった。

六月二二日、従来の低公害車の基準に加え、排ガスに含まれる炭化水素（ＨＣ）と窒素酸化物（ＮＯｘ）が国土交通省の指針より七五％以上少なく、省エネ法の燃費基準も満たすガソリン車を、調達対象の車両に認めるよう閣議決定した。

自身が乗る首相公用車を低公害車に転換することも検討したが、加速性や警備の観点から難しいと分かると、福田康夫官房長官の公用車を低公害車に切り替えるよう指示した。

七月三日、圧縮天然ガス車に乗り込んだ福田氏は、笑顔で「多少狭くても、環境維持に貢献しているという気持ちが超越した。喜びを感じている」と語った。低公害車導入への小泉氏への強い意気込みを改めて示すことになった。

その後も政府公用車の低公害車への切り替えは、着実に進んだ。

小泉氏が指示した二〇〇一年度は八七二台、〇二年度一六五四台、〇三年度一六七七台、〇四年度一〇二六台を導入。〇一年度以降、国立大学などの独立行政法人化が進み、政府所有の公用車の全体数が減少したこともあったが、〇四年度末には保有する四二三六台すべてが低公害車に切り替わった。小泉氏が掲げた「三年」で見事に実現したのだ。

ひとたび決めた方針を徹底して貫くのは、小泉氏の真骨頂であり、執念である。

通常国会の冒頭にその年の政府方針を述べる施政方針演説でも、小泉氏は二〇〇二年から〇六年まで、すべての演説で低公害車の導入に言及している。

二〇〇五年四月二九日、東京都内のホテルで二〇カ国の閣僚や国際機関の代表が参加し、3R（発生抑制＝リデュース、再使用＝リユース、再生利用＝リサイクル）に関する取り組みを推進するための会議が開かれ、小泉氏があいさつに立った。

「環境政策と経済発展を両立させることが小泉内閣の最重要課題だ」と切り出した小泉氏が典型例として持ち出したのも、やはり低公害車の導入だった。

「就任して早々のことですが、我が国の環境省では、公用車も低公害車を一割ぐらいしか利用していなかったんです。「環境を大事にする省が、なぜ低公害車を利用しないのか」と聞いたら、「普通の車に比べて低公害車は高いから予算がありません」という答えでした。当時、全政府の役所では、約七〇〇〇台の公用車を使っていました。そこで私は、環境省のみならず全省が、三年間で、低公害車しか使わない、高くても低公害車以外は買わないと宣言したんです。それを三年で実現しました。民間の自動車会社も、高くても低公害車を買ってくれるのであればということで、そのための設備投資を始めました。多くの人が買ってくれて、コストも下がってきました。国民も協力してくれて、現在では新規の自動車を買う国民の六割以上は、低公害車を買ってくれています」

なお、小泉氏は水素と酸素を反応させて発電し、モーターを回して走る「燃料電池車」の普及にも旗を振った。

世界で初めて実用化されたトヨタ、ホンダの燃料電池車五台をリース購入した。二〇〇二年一二月に首相官邸で納車式が行われ、小泉氏は助手席に乗り込んで試乗し、「意外と静かだ。乗っていて軽く、快適だ」と感想を述べた。

一台一億円とも言われる生産コストがネックとなり普及に難航したが、それから約一二年、トヨタはついに一般向けの燃料電池車「ＭＩＲＡＩ」を発売した。価格は消費税込みで七二三万六千円。国や自治体の補助で、実際は約五二〇万円で買えるところまで来た。発売直後から注文が相次ぎ、たちまち二年待ちの状態となった。

元祖・ゴミ問題

「原発ゼロ」に取り組む小泉氏は、原発政策の矛盾の一つとして、しばしば「核のゴミ」の問題に言及する。曰く、「日本にある原発が過去につくり出した高レベル放射性廃棄物でさえ、まだ捨て場所は決まっていない。なぜ原発を再稼働して、さらに核のゴミを増やそうとするのか。政府が決めれば自治体が受け入れると思っているなら、よほど甘い、無責任な考えだ」

「ゴミ問題」を熱心に訴えるのにも、理由がある。

実は小泉氏の政治キャリアにおいて、縁の深いテーマの一つだった。その典型が、瀬戸内海・豊島《てしま》(香川県)での国内最大級の産業廃棄物不法投棄事件である。

豊島からフェリーで二〇分のところにある直島《なおしま》の西端は、もともとガラスの原料や研磨剤として使われる珪砂《けいしゃ》の採掘場だった。一九六〇年代、高度経済成長の大量生産・大量消費時代の到来により、豊島の砂も大量に採られるようになり、広大な採掘跡地ができた。

厚生白書に「産業廃棄物」の言葉が初めて登場したのは、一九六九年。「市町村では対応できない廃棄物が家庭のごみをしのぐ勢いで伸び、企業の断片的処分では済まされなくなった」と記されている。

翌七〇年には、廃棄物処理法が制定され、それまで「汚物」とひとくくりにされてきた家庭と企業のゴミが、「一般廃棄物」と「産業廃棄物」に分けられた。国は事業系のゴミ処理を排出者に義務づけ、汚泥や廃油など一九種を「産業廃棄物」と定義し、適正に処理するための基準を定めた。

七〇年代に入り、石油危機を契機として省エネ機運が高まったが、産廃が減ることは一向になかった。厚生省が初めて産廃排出量を調査した七五年度は二億三〇〇〇万トン。それが八〇年度には二億九二〇〇万トン、八五年度には三億一二〇〇万トンまで増えている。

一九七五年、業者が産業廃棄物処理場の建設を香川県に申請すると、地元住民は反対運動を展開した。七七年に差し止め訴訟を起こしたが、県が「持ち込まれるのは無害なものだけであり、養殖ミミズのえさになるので、将来的に島には何も残らない」と住民を説得した。翌七八年に和解が成立し、廃棄物処理場の建設が認められた。

ところが八三年ごろから自動車の破砕くずや古タイヤが運び込まれるようになり、野焼きの公害も目立つようになった。住民が県に指導監督を要請したが、「あれは廃棄物ではなく、金属を回収する目的で置かれた有価物」と認定。不法投棄の状態を放置し、被害が拡大した。

一九九〇年、ようやく隣の兵庫県警が廃棄物処理法違反の疑いで業者を摘発したが、すでに東京ドームの一・五倍にあたる約六・九ヘクタールの土地に、汚染土壌を含めて五〇万トンとみられる廃棄物が積み上がっていた。

黙認し続けた県の担当職員は、兵庫県警の調べに「(処理業者は)乱暴者で一筋縄ではいかない人であることから、強い指導ができなかった」と述べたという。

島の住民五四九人は、一九九三年一一月に公害調停を申請した。公害紛争を解決する手段として公害紛争処理法に定められた公害調停により、国の公害等調整委員会が住民と香川県の間に入って紛争解決を目指すことになった。住民が訴訟ではなく公害調停を選んだのは、国費で汚染状況の調査が実施されるというメリットに加え、裁判により業者の責任や被害の立証に時間がかかることで不法投棄が長期化するのを避けるという狙いもあった。

廃棄物からは有害物質である水銀やポリ塩化ビフェニール（ＰＣＢ）などが検出され、住民は一日も早い原状回復を望んでいた。しかし、当時から「二〇〇億円はかかる」と言われていた処理事業費の負担割合などをめぐり、調停は難航した。

小泉氏が産廃問題に関わるようになったのは、その頃だった。

一九九六年一一月、第二次橋本政権で厚生相に就くと、就任インタビューで小泉氏は「豊島の問題はテレビで以前見たがひどい。住民の怒りは当然だ。十分理解できる」と踏み込んだ。

ただ、国の関与については難しい部分もあったようで、「厚生省、国としてはどこまで関与できるのか。一義的には地元、企業の問題だが、産廃の対策をどうするのか、よりよき体制のための法案を作っていかなければと思っている」と語った。

小泉氏が厚生相として取り組んだのは、まず廃棄物処理法の強化だった。

一九九七年の通常国会に改正法案を提出した。それまで不法投棄が起きても直接的に責任を問えなかったゴミの発生元である排出業者に対し、ゴミの内容や社名を記す「管理票」の添付を義務化した。

不法投棄した産廃処理業者が倒産した場合でも、排出業者に対して都道府県知事が原状回復の措置命令を出せるようにし、排出業者の責任を明確化した。また、産業界や国が資金を出して不法投棄の除去費用に充てる基金の創設や、不法投棄に対する罰金額をそれまでの最高一〇〇万円から一億円まで引き上げることなども盛り込んだ。

小泉氏は一九九七年四月の参院厚生委員会で、ゴミ問題に対する自身の思いを語っているが、まさしく現在の「核のゴミ」にもつながる視点である。

「廃棄物の問題は、人間社会、どうしてもこれから環境保全ということを考えますと、解決していかなきゃならない最重要課題の一つだと思います。動植物の世界は見事なリサイクルの世界ですね。食うもの、食われるもの、生まれるもの、死にゆくもの、これがまさに神の見えざる手で、見事なリサイクル社会を形成している。ところが、人間社会だけですね、火を使う、道具を使う。確かに便利になったんですけれども、自らつくり出す文明の利器で、また大きな被害をこうむっている。リサイクル社会、循環型社会をこれから、科学技術の進歩、これにも振り向けていかなきゃならない、自分からつくったものを、見事に自然界の中で生かしていくような技術を開発していかなきゃならない。行政側、事業者側、そして市民、こういう問題を多くの国民に理解をしてもらい、関心を持ってもらい、また行政側も国民に対して、事業者に対して、このリサイクル社会に対する啓発活動を徹底して、何とか循環型社会をつくっていきたい」

豊島の公害調停は三七回の議論、七年の歳月をかけて二〇〇〇年に合意が成立した。廃棄物の撤去を求めつつ、「自分たちが嫌なものをよそに押しつけるわけにはいかない」と悩み苦しんでいた豊島の住民に対し、県は豊島から西約五キロ、直島の北端にある非鉄大手の三菱マテリアル直島製錬所内に、高温で産業廃棄物を溶かして無害化する中間処理施設の建設を提案し、折り合った。

住民が長年求めていた「県の謝罪」に対し、損害賠償請求に持ち込まれることを懸念した県は「遺憾の意」に表現をとどめていたが、住民側が権利を放棄することを決議し、知事の謝罪を勝ち取った。

産廃撤去が決まった豊島の現場は、その後、遮水壁の設置工事が始まるなど着実に進展した。しかし、土砂の下から想定以上の廃棄物が見つかったため、費用が増大するおそれも出てきた。

首相になった小泉氏は対応を指示し、二〇〇三年六月、過去に不法投棄された産業廃棄物の撤去費用を国が支援する「特定産業廃棄物支障除去特別措置法」が成立した。国庫補助率を従来の三分の一から最大二分の一まで引き上げ、地方債の起債も認める内容で、この年の一二月、豊島の産廃処理は法律適用の最初の事業として認められた。

二〇〇四年一月八日。六二歳の誕生日に、小泉氏の姿は豊島にあった。

「環境保護、ごみゼロは小泉内閣の重要課題。豊島の廃棄物処理は、厚生大臣の時代から関心を持っていた」

こう言って自ら視察を希望し、現職の首相として初めて豊島を訪ねた。産廃処理の現状を確認した小泉氏は、記者団にこう語った。

「産業廃棄物で汚染された島を、再び美しい島によみがえらせようという住民の意欲が実った。まだ今、その途上ですが、日本政府全体としても、環境保護の観点から大変重大な意味を持っている。特に捨てられた廃棄物を新たに再生資源として活用しようとする技術を振興している。そういう意味でも豊島のような問題を二度と起こさせないように、環境保護と経済再生を両立させるという、その鍵を握っているのは科学技術だと思う。私は見てよかったなと思います。まだ当分年月がかかりますけど、豊島が美しい島によみがえるような支援をしていきたい」

かつて不法投棄に苦しんだ現地では、オリーブの木を植える運動が続いている。公害調停成立をきっかけに、住民側の弁護団団長だった中坊公平弁護士や建築家の安藤忠雄氏らの呼びかけで始まり、一五年で一六万本が植樹された。

その一方で、処理事業はいまも続いている。土中に埋まる廃棄物の総量は当初想定より膨らんで約九二万トンと推計される。事業開始からの累計処理費用は、二〇一三年度末までに計五七二億円に達した。調停条項は、一七年三月までに県が産廃や汚染土壌を豊島から搬出するよう定めている。

小泉政権最大の功績？ クールビズ

日本の夏の時期に、ネクタイを締める男性は珍しくなった。だが、そうした光景が普通になってから、まだ一〇年ほどしかたっていない。

最近、社会人になったばかりの若者は「そんなに新しい習慣なのか」と驚くかもしれない。逆に、汗だくになりながら、それでも我慢して長らくネクタイを締めてきた中年以上の方には、懐かしく思えるかもしれない。

いずれにせよ、夏の軽装運動「クールビズ」は、小泉氏が首相でなくては始まらなかっただろう。同時に、これだけ短期間のうちに定着した政策も珍しい。「郵政民営化より素晴らしい、小泉政権最大の功績だ」と称賛を惜しまない人もいる。

クールビズの導入は、もともと地球温暖化問題に端を発している。

一九九二年、環境と開発に関する国際会議（地球サミット）で「気候変動に関する国際連合枠組条約」が採択され、締約国による定期的な会合（COP）が始まった。

一九九七年の第三回締約国会議（ＣＯＰ３）は京都で開かれ、参加国は先進国による二酸化炭素（ＣＯ２）排出量の削減割合やその排出枠を売り買いできる「排出量取引」などが定められた「京都議定書」を採択した。その後も米国の枠組み離脱など紆余曲折はあったが、二〇〇五年二月、ようやく発効にたどり着いた。

軽装運動にはルーツがある。

一九七九年に大平正芳首相が提唱した夏の省エネキャンペーン「省エネルック」だ。第二次石油危機を受け、政府が石油消費節減対策として冷房温度を下げすぎないよう呼びかけた。大平首相や閣僚らはそろって半袖スーツを着てＰＲした。だが「服装としてのバランスが悪い」「見た目がダサい」などと散々な評判で、定着しなかった。

一九七九年六月八日付の朝日新聞朝刊に「笛吹けど……重い腰、省エネルック」という記事がある。記事中にある各デパートの反応が面白い。

「お客さまの表情をひとことでいえば、興味はあるが勇気がない、というところのようで、暑さの本格化、流行のきっかけ待ちといったところ」（日本橋・三越本店）

「五月中旬まで、一日一着ていどだったのが、このところ四、五着になってはいる。しかし、まだ燃えず、という状態です。この先どうなるのか」（渋谷・東急本店）

「ああ、これがそうか、と目で見るだけのお客さんから、一応そでを通してみる客へ変わっ

てはいます。ただ、爆発的な状態にはまだ、まだ」（新宿・伊勢丹）

そんな失敗から四半世紀。京都議定書が発効し、地球温暖化対策が待ったなしの状況に入った日本にとって、冷房温度を下げすぎず二八度に設定するよう促すクールビズは、ぜひとも成功させなければならない運動になっていた。

運動の先頭に立ったのは、小池百合子環境相だ。環境省内では一足早く、二〇〇四年から夏の軽装化に取り組み、定着しつつあった。

問題は、この運動をいかに霞が関や永田町へ、さらに日本社会全体に普及させるかだ。テレビキャスター出身であり、「発信」への意識も高い小池氏は戦略を練り、「トップからの改革」に照準を定めた。

まず、財界の協力を取りつけようと動いた。最初のターゲットは、日本経団連会長になっていたトヨタの奥田碩会長。二〇〇五年一月、小池氏は旧知の奥田氏に自ら電話を入れた。

「六月五日の予定は空いていますか」

この年、愛知県では自然との共生や持続可能な社会のあり方を考える「愛知万博（愛・地球博）」の開催を控えていた。六月五日は、一番大きなホールで環境省主催のイベントを開くことがすでに決まっていた。

小池氏は、ここで夏の軽装のファッションショーを開くことを提案し、奥田氏に「モデルになってほしい」と打診した。奥田氏は驚きつつも了承した。

それを受けて小池氏は、松下電器の森下洋一会長やオリックスの宮内義彦会長にも直接連絡を取り、ファッションショーへの出演を交渉し快諾を得た。こうして財界の理解を得る環境を整えていった。

服装に関しては最も保守的と言える政界をいかに動かすか。小池氏の頭には、やはり小泉氏しかなかった。

「改革イメージも強い首相が自らネクタイを外すことでしか、政治の世界は変われない」

小池氏は愛・地球博でのファッションショー企画を進める一方、閣僚全員が率先して軽装化に取り組む提案をＡ４紙一枚にまとめ、首相官邸に乗り込んだ。

小池氏には、小泉氏の同意が得られる勝算があった。何より、小泉氏自身が堅苦しい礼儀を好まない人だと踏んでいた。首相官邸五階にある首相執務室の手前には、「上着を脱いで入ってください」との貼り紙が数年前からあることを、小池氏が見逃すはずはなかった。

「今年の夏は閣僚みんなで……」と切り出した小池氏に、小泉氏は「面白い！」と即答。六月五日のファッションショーも、説明すると「いいね、それは面白い！」と喜んだ。

軽装化の運動期間を六月一日から九月三〇日までとすることも、その場で決めてしまった。わずか五分ほどだった。

三月二九日、首相官邸で「地球温暖化対策推進本部」が開かれ、京都議定書が定める目標達成計画の政府案が公表されると、小泉氏は閣僚に対して「今年の夏は、ノーネクタイ、ノー上着。大臣が率先しよう」と呼びかけた。その日のぶら下がり取材では、総理番記者にもこう語った。

「今年の夏は原則として大臣もノーネクタイ、ノー上着にして省エネに貢献しましょうと。みなさんも助かるんじゃないの？　楽に仕事しやすく、他人に不快感を与えないような程度でやりましょう。私もやりますから、みなさんもぜひ協力してください」

首相の号令一下、準備は着実に進んだ。四月一日から地球温暖化防止キャンペーンとして「夏の新しいビジネス・スタイル」にふさわしい名称が公募され、約三二〇〇件の中から「クールビズ」と決定した。

四月二七日に記者会見し、名称を発表した小池氏は「より働きやすい格好で、オフィス部門での二酸化炭素削減につなげたい。社会の理解が深まれば、ノーネクタイでも失礼ではなくなる」と力を込めた。翌二八日の閣僚懇談会では、政府全体として軽装での執務を促すよう申し合わせが行われ、小池氏は環境省で独自に作成した「着こなし事例集」を全閣僚に配った。

「シャツは清涼感のあるブルーをキーカラーにすると、全体的に爽やかなイメージになります」「普段ツータック（パンツ）を着用している方も、思い切ってノータックやワンタックに挑戦するだけで、よりスリムに着こなせるものです」などと、きめ細やかな助言を記した。

ところが六月一日の実施日が近づくにつれ、霞が関の幹部官僚を中心に、「実際は上着なしで行くと怒られるのでは」「みんなでネクタイ外そう、と言いつつ結局誰も外さないのでは」という声がささやかれ始める。そこには個性なきスーツ社会を生きてきた、五〇代男性たちの「何を今さら」精神が垣間見えた。ジャパニーズ・ビジネスマンの保守思想、ここに極まれりである。

五月二七日、竹中平蔵経済財政相が、クールビズによる家計消費への刺激効果が一〇〇億円、地方公務員や民間企業にも広がることで六〇〇〇億円が見込めるという試算を発表した。すると、官僚出身の政府高官は「それだと金を持っている人しかできないじゃないか。貧乏人はどうすればいいんだ。政治家はそういうところにお金を使ってお金がなくなるから、悪いことをするようになるんだ」と陰口をたたいた。

小泉氏もこうした論争には、ややうんざりした様子だった。

実施前日の五月三一日の閣僚懇談会。閣僚の一人が「どうしてもネクタイと上着を着けたい日があるのだけど、このクールビズは義務なのか、強制なのか」と発言すると、小泉氏は「義務ではない。ただ、大臣がネクタイをずっと締めていると、部下は外せないという声がある。そこをよく理解してほしい。あとは常識とセンスに任せる」と返した。

夜の記者団へのぶら下がり取材では、こんな風に語った。

「ノーネクタイなんだから、みんな堅苦しく考えない方がいい。気楽に仕事できるように、ということなんだから自分で考えてほしい。決めるからだめなんだ。決めない方がいい。私もまだ決めていません。楽な服装でいきたい。帰ってから考えます」

六月一日午前一〇時半。風力発電や太陽光発電の設備が導入された真新しい首相公邸から、小泉氏が姿を現した。同時に、約二〇メートル先の首相官邸前で待ち構える報道陣からどよめきが起きた。

「何だあれ、パジャマじゃないのか?」

グレーのスラックスの上には、濃い青のシャツ。パジャマに見えたのは、シャツの裾を出して着ていたからだった。予想をはるかに上回るいでたちで官邸まで歩いてきた小泉氏は、総理番の前で立ち止まり、満面の笑みで言った。

「ネクタイしないだけで楽だね。これ、沖縄のかりゆしウエア、いいでしょ。既製品です。沖縄ではいつもかりゆしでいいというので、私も沖縄のみなさんが着ている普通のかりゆしを着てみました」

小泉氏のかりゆし姿はテレビや新聞で報じられた。「同じものがほしい」という注文が全国から殺到した。

閣僚たちはこの日、思い思いの服装で登庁した。

麻生太郎総務相はエメラルドグリーンのマオカラー長袖シャツ、金色のネックレスが光っていた。竹中氏はベージュのジャケットにストライプのシャツ、胸元には赤いチーフがのぞいていた。

単にネクタイを外しただけという省庁幹部も目立ったが、首相や閣僚が先頭に立ったクールビズが大きなインパクトを与えたことは明らかだった。

前日まで批判的だった政府高官も、「首相の服装は衝撃的だった。秘書官もおしゃれだったな。定着すれば、なかなかいい取り組みだと思う。僕も明日はもうちょっと派手なシャツに挑戦できるかなあ」などと、一気に賛成派に転じた。

クールビズは海外からの賛同も得た。

カイロ大学出身の小池氏は自身のネットワークを生かし、六月一四日に駐日アラブ大使団を官邸に招いた。大使団はクールビズに賛同する声明を出し、「元祖クールビズ」とも呼べるアラブの民族衣装で駆けつけた大使も数人いた。

同月二八日、小泉氏は英国のブレア首相とテレビ電話で首脳会談した。ネクタイを外したままの小泉氏に対し、ブレア氏は「ノーネクタイでもいいんじゃないか」と理解を示した。

クールビズは海外にも広がり、二〇〇七年にはチリや欧州連合（EU）などで日本を見習い「ノーネクタイ、ノー上着」を認める通達が出た。

ちなみに、最後までクールビズに消極的だったのは国会だったのではないか。

振り返れば、国会議員への軽装導入は挫折の歴史でもある。

衆議院で「本会議場以外は上着なし可。本会議場でもノーネクタイ可」と申し合わせたのは一九五〇年。翌年には参院も続いた。しかし、国会議員の品位を重んじるべきという意識が強く、定着しなかった。七九年の省エネルックも同じ道をたどった。

二〇〇五年にも衆参の議院運営委員会が、「ノーネクタイ、ノー上着」を確認した。議員バッジをつけなくても国会に入れるようにと、身分証明証を作成する工夫も凝らした。

ところが河野洋平衆議院議長は、本会議での上着とネクタイの着用を譲らなかった。二重ルールが発生し、混乱が生じた。二〇〇五年六月九日、バッジをつけずに参院本会議に出ようとした小泉氏が衛視に議場入りを止められ、「証明証があればいいと思っていたのに、どっちなのかわかんないんだよ」と困惑する場面もあった。

導入期には河野氏のような「抵抗勢力」がある程度いたのも確かだ。

例えば、官房長官を辞して一国会議員に戻っていた福田康夫氏は、「パフォーマンスは私の流儀ではない」とネクタイを外さず、担当記者にも「私の部屋に来るときは、ネクタイ締めるんだぞ」と語るほどだった。

転機は首相になって軽装運動を支えなければならなくなった二〇〇八年。町村信孝官房長官から「かりゆしを着てほしい」と頼まれても、「君が着て記者会見すればいいじゃない」と最後まで嫌がっていたが、結局、六月最初の閣議でかりゆし姿になり、福田氏は「案外肩凝るね。やっぱり慣れないいんでしょうね」と照れくさそうに語った。

国会の風景も、徐々にではあるが変わってきている。

東日本大震災が発生した二〇一一年。政府はクールビズの実施期間をそれまでの六～九月から五～一〇月に拡大。「スーパークールビズ」として、ポロシャツやアロハシャツでの勤務も認めるようにした。

それに伴い、長く続いてきた衆議院本会議でのネクタイ着用は、ようやく終わりを告げた。二〇一五年に新たな論争となったのは、本会議でのかりゆし着用を認めるか否かだ。本会議の上着着用ルールはその後も変わっていないが、沖縄の正装であるかりゆしには、上着の下に着るという発想がない。上着なしのかりゆし着用の是非は参議院議運委員会で議論されたが、結局、「沖縄だけを特別扱いすべきではない」などという民主党の反対で認められなかった。

クールビズをめぐる論争が、導入から一〇年以上が経ったいまもなお続いているという事実は、いかに大きな改革であったかということの裏返しでもある。

「電力や鉄鋼などの業界からも協力が得られたのは、小泉首相の突破力があってこそだった。やはり小泉氏はクールビズの最大の理解者だったし、サポートがあったから、ここまで広く社会に浸透させることができた」

小池氏はこう振り返る。環境省によると、クールビズの二酸化炭素削減効果は二〇一二年までの試算で計一二六〇万トン。二四〇万世帯の年間排出量に相当するという。

「エコアイランド」を応援

二〇〇五年九月一一日、郵政解散を受けた総選挙で小泉氏率いる自民党は歴史的勝利を収めた。当日夜、開票状況を自民党本部で見守っていた小泉氏は、テレビ各局の特別番組に中継で出演した。キャスターから「これだけ勝てば、総裁任期の延長論が当然出てくる」という指摘が相次いだ。自民党が定める総裁任期は、最長で二期六年。小泉氏は一年後の〇六年九月に任期満了を迎える予定だった。

一九八六年、「死んだふり解散」で衆参同日選挙に持ち込んだ自民党が大勝した。その功績によって首相だった中曽根康弘氏の総裁任期が一年延長された。その時々の都合でルール変更が繰り返されてきたが、それもまた自民党総裁の歴史である。

しかし、小泉氏はかたくなに任期延長を拒否した。

「来年の九月いっぱいが私の任期だと考えている。それまでは精いっぱい総理大臣、自民党総裁の職責を果たしていきたいが、それ以後はない」

「退くときは自分で決めなければいけないのです。退くときは皆、お世辞を言います。それに乗っかってはだめなんです」

郵政民営化関連法は一〇月にあっさり成立し、小泉氏がこれから先、どのような課題に取り組むのかに注目が集まった。この時、年金や政府系金融機関の統廃合問題とともに、重要な政策として挙げたのが、環境だった。

このころから盛んに唱えるようになったのが、「環境と経済の両立」だ。

総選挙後に行われた参議院神奈川選挙区補欠選挙で、政権発足から環境相、外相などに登用してきた川口順子氏を自民党公認候補として擁立した。

一〇月一五日、相模原市の街頭演説へ応援に駆けつけた小泉氏は、こう語った。

「これから環境は大事な問題です。政治は重要な役割を果たしていかなければならない。かつてこの国には石油危機があったが、パニックは起きない。三〇年前の危機を二度と起こしてはならないという学習効果が働いている。できるだけ環境に優しい技術を開発していく、製品を輸出する時も環境保護に重点を置く、製品が高くなるからと環境をおろそかにしてはいけない。こういう考え方も民間に普及してきた。環境保護と経済発展を両立させていこう。このカギを握るのは科学技術だ。研究開発を促進していくような体制を政府として支援していかねばならない」

一一月には、自民党立党五〇年プロジェクト「歴代総裁・官房長官リレー講演会」に現職総裁として出席し、やはり環境問題の重要性を取り上げた。

「日本として一番大事なのは、環境保護と経済発展を両立させるということなんです。これは世界共通の課題です。高度経済成長期は、商品を売るために環境保護をおろそかにしても安い商品をたくさん作った。おかげで経済成長は達成したが、負の遺産、公害も引き起こした。これからは環境投資です。いま、環境に優しい製品がたくさん出ている。大量生産、大量消費、大量廃棄から「3R」です。ケニア出身のノーベル平和賞受賞者であるマータイ女史が「日本にはもったいないという素晴らしい言葉がある」と言っている。なるほどなと思って感心している」

「かつて「物で栄えて心で滅びる」と言われた時代があったが、物で栄えて心も豊かになった方が一番いい。国際社会で責任を果たせる場面はいくらでも出てくる。やるべき改革は多いが、改革に終わりはない。私の後を継ぐ人も頑張ってほしい」

小泉氏は、首相としては「残り一年」を繰り返し口にしていた。一方で、衆議院議員としては「選挙によっていただいた議席を、途中で放り出すわけにはいかない」と、任期満了まで務めることを明言していた。

クールビズ政策にみられるように、二一世紀以降の地球規模の環境問題は一貫して「温暖化対策」である。石油危機で省エネに目覚めた日本の技術は、二酸化炭素削減という地球規模の課題に必ず貢献できる。小泉氏はそう考えていた。そして首相を退任する直前に、小泉氏はある案件に出会った。

二〇〇六年五月一一日、沖縄県の普天間基地移設問題をめぐって額賀福志郎防衛庁長官と、沖縄県の稲嶺惠一知事が会談し、名護市辺野古に移設する政府案について基本合意した。翌日、都内のホテルで小泉、額賀両氏、二階俊博経済産業相らが顔を合わせた。二階氏は、宮古島や伊江島で実証試験が進んでいたサトウキビの廃糖蜜を活用した次世代燃料エタノールの開発を、沖縄振興策の目玉として提案した。

小泉氏は「大変結構だ。ぜひみんなでやろうじゃないか」と賛同した。サトウキビやトウモロコシなどの生物資源（バイオマス）を搾って生み出す「バイオエタノール」は当時、高騰を続ける石油に代わりうるエネルギーとして注目され始めていた。植物からエタノールを製造し、その成長過程で二酸化炭素が吸収されるため、地球温暖化対策としても期待されていた。

厚生相時代から、サトウキビの搾った後に残る残渣《ざんし》「バガス」を再利用して名刺を作っていた小泉氏にとっては、身近さもあっただろう。これを機に、バイオエタノールの推進に取り組むようになった。

首相退任後、初の本格的な国政選挙となった二〇〇七年参院選では、一国会議員に戻っていた小泉氏が演説に立つことはほとんどなかったが、限られた場所には応援に入った。六月、川口氏の政治資金パーティーに小泉氏は姿を見せた。前年の補欠選挙で神奈川選挙区から当選した川口氏は、比例区に移ることが決まっていた。この日の小泉氏は饒舌だった。

「私は首相を辞めて、これから経験を生かして何ができるか考えた。主眼にしているのが環境問題。環境保護と経済発展を両立させないといけない。両立させるためには科学技術だ。振興してこの地球環境を保全し、子どもたちに素晴らしい地球を伝えていかないといけない。その際、経済発展で水や空気を汚してはいけない。ようやく世界で環境問題は最大の関心事になってきた。ドイツサミット、来年の洞爺湖でのサミットで、環境問題は各国首脳の大きな関心事になると思うし、日本として主導的な役割を果たさないといけない分野だと思う」

「日本の石油依存度は低まったが、まだ大きい。石油、原子力、太陽光、風力、バイオマスなどがあるが、原子力はこれ以上増やすのはなかなか難しい。現状維持が精いっぱいだ。

原子力はきれいなエネルギーと言うが、後々の放射能のことを考えると、住民から理解を得るのは難しい。となると結局、自然エネルギーである太陽光、風力、バイオマスに力を注いでいかないといけない」

「これから大事なことは一人の人間も、一つの会社も、一つの国家も、弱点と言われたことを強みに変えていく努力が必要だ。日本はエネルギーが全くない。各国との石油資源の争いから超然として、独自の環境保護を重視した取り組みができれば、日本の信頼度は上がっていくはずだ」

二〇〇七年の時点で、原子力政策の限界に触れているのは注目すべき点だろう。ともかく、石油依存度を下げたいという小泉氏の姿勢は明確だった。

順調に滑り出したかのように見えたバイオエタノール事業は、その後、思わぬ形で暗雲が立ちこめた。

環境省が推進したのは、バイオエタノールをガソリンに三％直接混ぜる「Ｅ３」という燃料だった。これに対し、石油連盟は「品質に問題があり、責任を負えない」として、石油ガスのイソブテンとバイオエタノールを合成させた「バイオＥＴＢＥ」を推した。ＥＴＢＥ燃料は既存の施設を利用して生産できるが、大手にしか扱えないものだった。

当時、全国に五万店あるガソリンスタンドの八割が石油元売り会社系列で、石油連盟の意向に従ったスタンドは軒並み「E3」の供給を拒否し、沖縄の事業は苦境に立たされた。

二〇〇八年二月一四日、小泉氏の姿は宮古島にあった。首相退任後は表立った活動を控えていた小泉氏にとって、久々の地方視察であり、バイオエタノールの製造・給油施設を見て回った。

「石油業界が協力しないからといって、くじけちゃいけない。抵抗勢力があろうと押しのけてやらないとだめだ。あきらめず、いずれ味方になると思って頑張ろう!」

小泉氏は二カ月後にも宮古島を再訪し、トライアスロン大会のスターターを務めた。小泉氏に背中を押されて勢いを得た宮古島は、二〇〇八年三月に「エコアイランド宮古島宣言」を発表した。限りある資源とエネルギーを大切にすることや、よりよい環境を守るため世界の人々とともに考え、未来へバトンタッチしていくことなどをうたった。

宮古島の「E3」は、製造コストの改善や地下水汚染対策など、多くの難しい問題を乗り越えて、着実に前進している。

当初は実証実験のため公用車や企業車両に販売が限られていたが、二〇一〇年からはレンタカーで、一四年からは一般向けの自動車で販売が始まり、島を走る約三万五〇〇〇台すべてにE3を使える環境が整った。

太陽光や風力などの発電施設も積極的に導入し、再生可能エネルギーを効率的に利用するため、電力消費状況の「見える化」につながる「全島エネルギーマネジメントシステム実証事業」も展開する。「エコアイランド」の取り組みは、今や国内外から年間一三〇を超える個人・団体が視察に訪れるまでになっている。

第四章
最後の闘い

国民運動とは？

「「原発ゼロ」は一人ひとりが先頭に立つ国民運動だ。あきらめずに粘り強く続けていく」

これが現在、各地で講演活動を続ける小泉氏の原動力になっている思いである。

政界を退いてはや六年がすぎた。安倍晋三首相をはじめ、かつて部下として教え、育てた多くの人材が永田町や霞が関の中枢となって残っている。

しかし、小泉氏は決してそうしたかつての「政治力」を使おうとはしない。

仮に小泉氏自身が再び政界に復帰し、「原発ゼロ」への賛同を呼びかけたとしたら、たちまち政界再編へと発展するだろう。

いまなお、その求心力は健在だが、その道を選ぼうとはしない。

本来、小泉氏は引き際の美学を大切にしてきた人である。

「散りぬべき　時知りてこそ　世の中の　花も花なれ　人も人なれ」

関ヶ原の合戦で、石田三成方の人質要求を拒み、自ら命を絶った細川ガラシャの辞世の句を、小泉氏は好んで口にする。

半年後には首相から退くことを明言していた二〇〇六年四月、東京・新宿御苑で催した

「桜を見る会」でもこの歌を紹介し、「きれいな花もいずれ散る。私も任期が来たら散りたい。花もいつも咲いてちゃきれいじゃない。ぱっと散るからきれいなんです」と語った。

にもかかわらず、小泉氏は己の人生哲学をも曲げて、「原発ゼロ」に取り組んでいる。

小泉氏が語る「国民運動」とは何だろうか。

東日本大震災による東京電力福島第一原発の凄惨な事故を目の当たりにした小泉氏が、これまでどのように行動してきたのか。それを丹念に追うことは、小泉氏のこれからの展開と「原発ゼロ」運動の将来を占ううえでも有益であろう。

東京都知事選で細川氏を応援

二〇一四年二月の東京都知事選挙は、政界を引退した小泉氏が唯一関わった政治イベントである。小泉氏を突き動かしたのは、もちろん原発問題だった。

前年の一〇月二一日。小泉氏は東京都内の日本料理店で、細川護熙元首相、元新党さきがけ代表代行の田中秀征氏とテーブルを囲んだ。細川氏は焼酎、小泉氏は冷酒、締め切りが迫った原稿を抱えていた田中氏はウーロン茶。この会合は、小泉氏がオンカロ視察に行ったことを聞きつけた細川氏が呼びかけたものだった。

細川氏もまた、英国北西部のセラフィールドで一九五七年に起きた核燃料再処理工場の放射能漏洩事故に関心を持ち、原発の行く末に危機感を持つ一人だった。

三人の関係は古い。

与野党に分かれていた一九九六年、三人は勉強会「行政改革研究会」を立ち上げ、小泉氏の持論である「郵政事業の民営化」などをテーマに意見をぶつけ合った。

小泉、細川両氏について、田中氏は「群れないところがよく似ている。旗印を高く掲げて、一人だけで目標に向かい走り出す」と評している。

久々の再会ではあったが、意気投合するまで時間はかからなかった。

小泉氏は、自分の目で見てきたオンカロの現状について、細川氏は東日本大震災の被災地に防潮堤となる森を育てようと活動する「森の長城プロジェクト」について、それぞれ熱っぽく語った。

「原発を次の世代に残してはならない」という思いで、三人はつながった。

しかし、この時点では、共有する思いを政治運動につなげることは想定していなかった。

風雲急を告げるのは、一二月に入ってからだ。

医療法人「徳洲会」グループから五千万円を受け取っていたとして、東京都の猪瀬直樹知事が辞職を表明したことが引き金となった。

猪瀬氏が辞任不可避となったころ、小泉氏は前経団連会長でキヤノン社長の御手洗冨士夫氏、元自民党幹事長の中川秀直氏らと会っていた。この席で小泉氏は「都知事選は、細川さんが出たら勝てる。私も応援すると伝えてくれ」と話した。小泉氏は一二月二七日にも田中氏と会い、同じメッセージを託した。

小泉氏の思いは、中川氏や田中氏を通じて、細川氏に届けられた。

ただ、細川氏は迷っていた。

一九九八年に政界を引退した後は、陶芸や絵画に没頭し、晴耕雨読の日々を送っていた。日本新党を立ち上げ、「五五年体制」に終止符を打つ非自民連立政権を築いたのは、二〇年以上も前のこと。年齢はすでに七五歳になっている。

当時の仲間たちからは「立候補してほしい」と激励が届く一方、「晩節を汚すことになる。考え直した方がいい」といさめる意見もあった。

年が明けた二〇一四年一月四日に中川氏から小泉氏の考えを聞いた細川氏は、その二日後の一月六日、ジャーナリストの池上彰氏らと会食した。

池上氏は、細川氏と会った理由やその際のやりとりを、一月三一日付朝日新聞朝刊に掲載されたコラムで詳しく紹介している。

「私は去年暮れに『池上彰が読む小泉元首相の「原発ゼロ」宣言』という本を出しました。

この中で細川護熙氏にもインタビューしようとしたのですが、私の都合がつかず、編集者が代わって話を聞きました。お礼とおわびのあいさつをしなければと思っていたところ、細川氏から人を介して「会いたい」という話がありました。これはチャンス。一月六日、東京都内のレストランで食事をご一緒しました。このとき細川氏から「都知事選挙に出ませんか」との発言が出ました。私は、「出ませんよ。当日は都知事選挙のテレビの特番に出るんですから」と答えた上で、「それより細川さん、あなたこそ選挙に出るのではないかと週刊誌が書いていますが、どうなんですか?」と問い返しました」

細川氏はこの問いに、「いやいや、私は過去の人ですから」とやんわり否定したが、同席者らは「意欲あり」と受け取った。ただ細川氏にとって、自らの立候補のためにはどうしてもクリアしなければならない条件が、まだ一つ残っていた。

一月一四日昼、小泉氏と細川氏は、ホテルオークラの日本料理店「山里」で再び会う。この日は細川氏の七六歳の誕生日。小泉氏も八日に七二歳になったばかりだった。天丼を注文しつつ、二人はビールで乾杯した。

小泉氏はお得意の歴史の話から切り出した。

「今日は旧暦の一二月一四日。赤穂浪士の討ち入りの日だよ。しかも今年は織田信長が生まれた甲午《きのえうま》の年だ。今回は桶狭間の戦いになるよ」

細川氏は率直に尋ねた。

「私は信長のように快勝したい。あなたが全力で応援してくれるかどうかにかかっているんだ」

「よしっ、自分もやる。一緒にやろう！」

小泉氏は即答した。

約五〇分の会談を終えると、小泉氏は「このまま外に出て立候補表明してしまおう」と提案した。

待ち構える大勢の記者団の前に二人そろって現れ、即席の記者会見を開いた。

「今度の都知事選に立候補する決断をした。原発の問題について、国の存亡に関わる危機感を持っている」

細川氏の発言に、小泉氏が続いた。

「私も「喜んで、積極的に細川さん当選のために頑張る」とお伝えした。演説会やさまざまな会合があると思うので、そういう場で私が出てもいいんだったら出て、細川支持を訴えます」

具体的にどのような支援をするかについては、この時点では二人の認識に若干のずれがあったようだ。細川氏は街頭演説も含めて、すべての場で小泉氏が横に立つ、文字通りの

「全面支援」を求めていた。これに対し、小泉氏は「演説会やさまざまな会合」と語ったように、「箱もの」と呼ばれる屋内演説を中心に回るつもりでいた。

郵政選挙での印象が強すぎるため、街頭演説を得意とするようにみえる小泉氏だが、実は苦手意識を持っていることは本人も認めている。

小泉氏の演説は、クラシック音楽のような抑揚に特徴がある。序盤はささやくような小さな声で話し始め、本題に入るころに一気にボルテージを上げる。その手法が、街頭演説では使いにくい。小泉氏は「室内は話を聞きたい人が聞くから話しやすい。街頭は聞く気がない人の足を止めないといけない」とも語っている。

当初は、街頭での応援演説を数回で済ませるつもりだった小泉氏だが、細川氏に押し切られた。ふたを開ければほぼ毎日、街頭演説に立つことになった。

立候補を表明した場面に戻る。

小泉氏は、郵政解散時の記者会見でも見せた仕掛けにでた。「何を問う選挙なのか」を先んじて発信する作戦である。

「今回の都知事選ほど国政に影響を与える選挙はないでしょうね。特に細川さんが知事に当選すれば、エネルギー問題、原発問題、これは国政を揺るがす大きな影響力を与える知事になると思う。言わば、原発ゼロでも日本は発展できるというグループと、原発なくして日本は発展できないんだというグループとの争いだと思う。私は原発ゼロで日本は発展できるという考えに立っている。細川さんも同じだ。それが私が細川さんを応援する最大の理由だ」

首相経験者の二人によるタッグ結成は、大ニュースだった。

同じ日、外遊先のエチオピアで記者会見した安倍首相は、「原発依存度を可能な限り低減させていくのは、私たちの方針でもある」と述べ、原発の是非が争点化することを避けたいとの思いをにじませた。かつて小泉政権を支えた元自民党幹部は、「郵政の時と同じ空気だ。安倍首相にとっては大変な戦いになる」と興奮気味に語った。

東京都知事選は一月二三日に告示され、一六人が立候補を届け出た。

細川氏は都庁近くで第一声を上げ、マイクを握った小泉氏も声を張り上げた。

「私どもは夢を持っている。理想を掲げるのは政治じゃないと批判する人もいる。しかし、原発ゼロで東京は発展できる。その夢を持ち、使命感を持つ細川さんが立ち上がってくれた。細川さんが当選すれば必ず、原発でなくては日本はやっていけないという方向を変えることができる」

ライバルは安倍政権が支援する元厚生労働相の舛添要一氏だった。特別な組織を持たず、追いかける立場の細川陣営は浮動票を呼び込むことに力点を置き、街頭演説を重ねた。

ところが、選挙戦が中盤に入っても、あの郵政選挙のようなうねりが起こる気配はなく、細川陣営に焦りの色が見え始めた。

原因は明らかだった。細川氏陣営には民主党や維新の党の一部などが支援に入ったが、事務の取り仕切りをめぐって混乱した。政策発表は二度延期され、正式な立候補表明は告示前日までずれ込んだ。

組織の支援も断ったため、選挙初日にポスターを貼りきれない地区が出た。共産党など革新系が推し、細川氏と同様に脱原発路線だった弁護士の宇都宮健児氏との一本化調整を模索した時期もあったが、実現には至らなかった。

主客転倒の現象も見られた。

「小泉さんに励まされて立候補を最終決断した。大量生産、大量消費で日本はやっていけるのか」

選挙カーの上からそう訴える細川氏だが、その声に力がなく「聞こえないぞ」というヤジがしばしば飛んだ。その後に小泉氏が続くと、聴衆は喜んで手をたたく。本来は主役であるはずの細川氏が、まるで小泉氏の前座のようにかすんでいた。

選挙終盤になっても劣勢と報じられる状況に、小泉氏はいら立っていた。選挙のために始めたツイッターには二月五日、こんな書き込みをした。

「今日の荻窪・八王子・町田の街頭もスゴかった。だけど、街頭の反応と世論調査とどうしてこんなに違うのか。何度も選挙をし、街頭演説をしてきた僕から見るとこれなら圧勝のはずだが、調査結果は一位ではない。おかしい」

二月八日の選挙運動最終日は、東京都心で二七センチの積雪を記録するなど二〇年ぶりの大雪となった。淡いグリーンのダウンジャケットを着た小泉氏は、最後の演説地である新宿に立つと、「今日は決して忘れられない日になる」と感慨深げに語った。

「こうして大雪の中、声援、拍手、熱気を感じながら元気で戦うことができたのも、細川さんの覚悟を目の当たりにして、連日、熱い心を持ってご支援くださったおかげです。自然を破壊する科学技術大国ではなく、日本は自然の生態系を尊重する、自然を大事にして原発なしの再生可能エネルギーで発展させる。その姿を世界に見せるために、これからも一緒に戦い抜こうではないか」

すでに敗色濃厚の選挙情勢が伝えられていた。

小泉氏の最後の一言には、それを悟ったような一抹の寂しさと、これからも「原発ゼロ」をあきらめないという意欲がない交ぜになった複雑な思いにあふれていた。

「もう、これから私の生涯で、こうやってみなさんに訴える機会は二度と来ないと思う。けれど、まだまだ原発なしの社会を作るために、一緒に頑張ります」

結果は、舛添氏が二一一万票余りを獲得して当選した。細川氏は約九五万票で、宇都宮氏にも届かず三位。完敗だった。投票率は過去三番目に低い四六・一四％。風は起こせなかった。

「街頭での熱気と選挙結果の落差が大きい。努力不足を痛感した」

選挙事務所で敗戦の弁を語る細川氏のもとに、小泉氏から直筆のファックスが届けられた。一枚紙に縦書きで七行。そこには、小泉氏の揺るがぬ決意が記されていた。

「残念な結果ですが、細川さんの奮闘に敬意を表します。これからも「原発ゼロ」の国造り目指して微力ですが努力を続けてまいります。ご支援賜りました皆様に心より厚く御礼申し上げます。小泉純一郎」

安倍首相、党内脱原発派を「鎮圧」

小泉・細川連合による都知事選。両氏の狙いが「原発ゼロ」を争点化することにあるとみた安倍政権は、一月中にも予定していた「エネルギー基本計画」の閣議決定と、それを議論し、了承する自民党内での手続きを都知事選後に先送りした。

「エネルギー基本計画」とは、エネルギー政策基本法に基づいて、原発や火力、再生可能エネルギーをどう活用していくかなど、国のエネルギー政策の中長期的な方向を示す計画だ。

ほぼ三年ごとに閣議決定していて、自公両党が民主党から政権を奪還してからは初めての策定だった。

安倍政権はここに原発の再活用を盛り込み、名実ともに「原発回帰」することをもくろんでいた。先送りしたのは、都知事選期間中に閣議決定を強行して選挙戦に影響を及ぼすことを避けるためだった。

「自民議員で賛否がどうかと言ったら、私は半々だと思っている」

「エネルギー政策、原発を含めてね、これを議論すれば党内だけでも賛否両論出ますよ」

小泉氏は前年一一月の日本記者クラブでの講演で、エネルギー基本計画の攻防を意識するかのような発言をしていた。念頭に置いていた自民党内の「脱原発派」とは、神奈川県選出の河野太郎衆院議員（現行政改革・防災担当相）らだ。

小泉氏はこの講演で、脱原発を主張する米国の物理学者、エイモリー・ロビンス博士の近著『新しい火の創造』を河野氏に勧められ、読了したことを紹介した。

河野氏は当時、自民党副幹事長で、党内有志の議員連盟「エネルギー政策議員連盟」の代表世話人を務めていた。原発に慎重な十数人を集めて議論を重ねた。

そして、二〇一四年一月二三日に、原発を「過渡的エネルギー」と位置づける、核燃サイクルからの撤退、原発の依存度を下げる工程表を作る――ことなどを政府に求める提言をまとめた。

経済産業省は二〇一三年一二月末に作ったエネルギー基本計画の原案で、原発を「基盤となる重要なベース電源」としており、提言はこれに真っ向から異を唱えたものだ。河野氏は小泉、細川両氏の都知事選参戦についても、「都知事選に関係なく、脱原発に連携される方にはみんな期待する」と語っていた。

だが、小泉・細川連合軍は都知事選で完敗する。

これを機に、安倍政権はエネルギー基本計画の決着に向け、一気にアクセルを踏み込んだ。都知事選から約二週間後の二月二五日に、原子力関係閣僚会議を招集した。基本計画で、原発を「重要なベースロード電源」と改めて位置づけたうえで、「安全性が確認された原発の再稼働」を明記することを確認した。

都知事選後、後ろ盾を失った感のあった河野氏ら自民党内の脱原発派。それでも、党内で議論する「資源・エネルギー戦略調査会及びエネルギー基本計画関係部会等合同会議」で奮闘を続ける。

河野氏ら脱原発派が繰り返し提起したのは、二〇一二年衆院選の公約との整合性だった。

原発事故の記憶もまだ生々しかった一年半後に行われた国政選挙であり、自民党は公約に「原子力に依存しない経済・社会構造の確立を目指す」と掲げていた。

河野氏らはこの公約を論拠に、原発の新増設を認めないことによる中長期的な脱原発や、核燃サイクルからの撤退を目指すべきだ、という論陣を張ったのだ。

三月五日の合同部会。河野氏は、政府原案で核燃サイクルを「着実に推進」と記述したことを問題視し、「再処理を続ける以上、原子力に依存しない社会とは言えない。（核燃サイクルは）「止めます」とはっきりうたうべきだ」と主張した。

河野氏に近い柴山昌彦衆院議員（現首相補佐官）は「少なくとも原発新増設はやめる、核燃料サイクルは見直しをする。しっかりと再エネの方向で、全力でシフトするのだと、計画で打ち出してほしい」。河野氏の元秘書で、新人の秋本真利衆院議員も「使用済み核燃料、責任政党の自民党がこうするんだと見せないと」と追随した。

合同部会は都合十数回に及んだ。推進派も「核燃サイクルを完成させる責任を国際社会に対して日本は負っている」「原発をなくしてエネルギー供給が途絶えた時、生活は真っ暗だ」などと反論を重ね、議論は膠着状態に陥った。

だが、こうした党内議論は「ガス抜き」にすぎなかった。

河野氏ら脱原発派の質問や主張に対して、経産省から納得がいく回答は得られないままだったが、四月四日、自民党は基本計画をほぼ政府原案通りに「了承」した。

これを受け、安倍政権は四月一一日に「エネルギー基本計画」を正式に閣議決定した。

福島第一原発事故から四年あまりで、原発の再活用路線が固まった瞬間だった。法律に基づく「タガ」がはめられたことで、自民党内の脱原発派は安倍首相により鎮圧された。小泉氏が仕掛けた都知事選から続く「原発政局」は、いったん区切りを迎えたのである。自民党に比べ、原発推進に慎重で、再生可能エネルギーの導入にも積極的だったはずの公明党も腰砕けとなった。

公明党は二〇一二年衆院選で、「可能な限り速やかに原発ゼロ」とし、高速増殖炉もんじゅは「廃止」と公約に掲げていたが、これらとかけ離れた内容の基本計画に合意した。二〇三〇年時点の総発電量に占める比率を三〇%としていた再生エネルギーの導入については、「二割を大幅に上回る」との表記を基本計画の本文でなく、脚注に付記する形で妥協した。

公明党の主張で再生エネルギー導入を促進するために設置が決まった「再生可能エネルギー等関係閣僚会議」は、基本計画を閣議決定する際に一度開かれただけで、その後は一度も招集されず、完全に形骸化した。

旧敵と握手、国民運動の母体が産声

「これからも「原発ゼロ」の国造り目指して微力ですが努力を続けてまいります」

都知事選で敗れた夜、そんな手書きのコメントを寄せた小泉氏。この「宣言」通り、二〇一四年春、小泉氏が再起動した。

一般社団法人「自然エネルギー推進会議」の設立だった。細川氏が代表理事、小泉氏は発起人代表となり、哲学者の梅原猛氏や音楽プロデューサーの小林武史氏、日本文学者のドナルド・キーン氏、精神科医の香山リカ氏ら一二人が発起人に名を連ねた。

賛同人には、俳優の吉永小百合氏や作曲家の坂本龍一氏、歌舞伎俳優の市川猿之助氏ら四七人が名乗りを上げた。都知事選で細川氏を支援したメンバーが中心だった。

四月七日、推進会議は設立を正式に届け出て、原発ゼロに向けた「国民運動」の「母体」が産声を上げた。

それから約一ヵ月後の五月七日。推進会議が東京都内の全国町村会館で開いた設立総会「原発ゼロ・自然エネルギー推進フォーラム」には数百人が集まり、会場内を埋め尽くした。

壇上で挨拶に立った小泉氏は、「再戦」を宣言した。

「一つの戦場で負けたが、将来大きな目標、原発ゼロの社会、ゼロの国づくり、自然を資源にする国づくりに向かって進むのは、素晴らしいことだ。必ず今よりもよい国づくりのために我々は活動できるという希望を持って今日ここに私もやって来た」

都知事選後、安倍政権が閣議決定したエネルギー基本計画については「(原発への)依存度をまだ保とうとしている、重要な電源だと平気で言っている」と厳しく批判した。

そして、「過去の人と言われようがね、これから来る未来の世代のためにも、何と言われようとも、原発のない国づくりのために頑張っていく」と締めくくった。

この日は、かつて「小泉構造改革」を痛烈に批判していた論客も姿を見せた。慶応大学経済学部教授、金子勝氏である。

福島第一原発事故前から原子力政策に懐疑的だった金子氏は、かねて交流のあった発起人の香山氏に誘われて、推進会議の賛同人に名を連ねていた。

フォーラム第二部のパネル討論で、金子氏はパネリストとして登場。会場の最前列では、小泉氏が壇上の金子氏を見つめていた。

発言を促された金子氏はこう切り出した。

「小泉さんの演説聴きながら、その後に僕が支持するなどという姿は、二〇〇〇年代の初めには想像できませんでした。本来ならここに竹中(平蔵)さんが座ってなきゃいけないんじゃないか」

場内から笑いが起こる。そして金子氏は、小泉氏に語りかけるように言った。

「小泉さんに宿題を果たしてほしいと思っている」

金子氏の言う「宿題」、それは小泉氏が首相時代に原発を推進した責任だった。

小泉政権時代の二〇〇二年から、後に事故を起こすことになる福島第一原発や柏崎刈羽原発で「トラブル隠し」が発覚した。一時は東京電力の全原発が停止する事態となった。「もんじゅ」の事故などトラブル続きだった核燃サイクルに対しては、政策を担当する経産省内にも見直しを求める意見がくすぶり続けた。柏崎刈羽原発でのプルサーマル発電の是非を問う住民投票では、反対派が勝利した。

こうした原子力政策を再考する数多《あまた》の機会を小泉氏は見逃し、結局は原発推進勢力が巻き返しに成功し、原発は再稼働へと向かった。そして、あの「三・一一」につながった。

小泉氏は首相時代、巨大な力を誇る「原子力村」と対峙せずに、郵政民営化への「抵抗勢力」との戦いに的を絞った。金子氏は「あの時の改革を再現してほしいというのが願いだ」と言い、「もう首相でなくなりましたけど、僕も同じ地面の上に立てるようになったので、陳情に参りました」と訴えた。

「うーん、時代だね」

設立総会が終わり、楽屋に戻った二人。小泉氏は金子氏の姿を見つけると歩み寄り、そう言って握手を求めた。

その年の秋には、原発被災地の福島で県知事選を控えていた。小泉氏が東京都知事選のように選挙に関わるのか、推進会議での小泉氏の発言に注目が集まった。

答えは「ノー」だった。

小泉氏は設立総会終了後に、記者団に「これから知事選とか地方選、あるいは国政選でも候補者自身を応援することはありません」と明確に答えた。

その一方、「原発ゼロに絞った国民運動をしていこうという気持ちだ」と語った。長期戦を見据えて、まずは国民に直接語りかける講演活動を中心に展開していく考えを示した。

それから二カ月後の七月一日。小泉氏は大学時代の恩師・加藤寛氏の後を継ぎ、城南信用金庫のシンクタンク「城南総合研究所」の第二代名誉所長に就任した。

首相退任後、小泉氏はシンクタンク「国際公共政策研究センター」の顧問に収まっていた。小泉政権を支援した財界人たちが設立した「小泉シンクタンク」だ。設立発起人には東京電力も含まれ、原発関連企業の日立や三菱系企業の幹部も理事となっていた。

だが、小泉氏が「原発ゼロ」発言を行うようになると、シンクタンク側から「原発の発言は困る」とクギを刺された。それに対して小泉氏は「迷惑がかかるなら辞める」と、その場で顧問を退任したという。

「ぜひ、二代目名誉所長、お願いします」

城南信用金庫相談役の吉原毅氏の依頼に、小泉氏は即答した。

「いいよ。ただし、条件がある。給料はなしだ」

相応の報酬を申し出るつもりだった吉原氏は、たとえ原発に関する考え方が同じでも、何の制約もなく自由に発言したい、という小泉氏の気持ちだと理解した。

今度は吉原氏がこう申し出た。

「活動は全部お支えします、講演会の事務局、ボディーガード、スケジュール管理。話は印刷して流布させます」

城南総合研究所と自然エネルギー推進会議、この両輪が小泉氏の「国民運動」を支えていくことになる。

全国行脚の舞台裏

「鹿児島からも細川さんの応援に来てくれた人がいた。残念ながら当選できなかったんだけど、あきらめてませんよ、細川さんも私も」

九州電力川内原発（鹿児島県薩摩川内市）の再稼働を控えていた二〇一五年六月四日。鹿児島市の城山観光ホテルで、小泉氏の講演会が開かれた。

先着四五〇人の予定を大幅に上回る約九〇〇人が宴会場を埋め尽くした。

冒頭で小泉氏が触れた「応援に来てくれた」人物とは、薩摩川内市と隣接するいちき串木野市にある幼稚園「友愛幼稚園」の教諭、藤田はつほ氏だった。

この講演会は、原発再稼働に疑問を感じていた藤田氏の思いによって実現した。

小泉氏が展開する「国民運動」の舞台裏に迫る。

そもそものきっかけは、あの東京都知事選だった。

インターネットの動画で、小泉・細川両元首相の街頭演説を視聴した藤田氏は、歯切れよく原発ゼロを主張する両氏を見て「素晴らしい、直接聞いてみたい」と感動した。

選挙戦最終日の二〇一四年二月八日、知人女性を伴い、大雪の中を鹿児島空港発の始発便で上京する。新宿駅前の最終演説など三カ所で両元首相の演説に耳を傾けた。

勤務先の幼稚園は川内原発から約一〇キロしか離れていない。事故が起こった時の避難計画に不備が指摘されるなか、幼稚園の先生という立場から「子どもたちを守る責任がある」と考え、原発再稼働には反対だった。

七選挙区ある衆参国会議員の議席中、六議席を自民党が占める「自民王国」鹿児島県。安倍政権が推進する原発再稼働に対して、反対を口に出すことさえはばかられる雰囲気が漂い、「鹿児島の人にも、小泉さんの演説を聴いてほしい」と願うようになっていた。

藤田氏は再び行動に出る。都知事選から二ヵ月余りたった四月一七日、知人と一緒に上京し、約束も取りつけずに東京・西五反田にある城南信用金庫本店を訪ねた。

城南信金の理事長だった吉原毅氏の著書を読んだことがあり、「吉原さんなら小泉さんにつないでくれるかもしれない」と思ったのだった。

時計の針は一五時を回り、窓口業務は終わっている。代表番号に電話すると、職員が下りてきて吉原氏に取り次いでくれた。

応接室に通された藤田氏は、鹿児島で小泉氏の講演会を開いてもらえないかと吉原氏にお願いした。吉原氏がその場で小泉氏の事務所に電話をすると、電話口に出たのは小泉氏の実姉・信子氏だった。

鹿児島で講演ができるか聞いてみると、「鹿児島には行けません」との答え。後に信子氏から、「鹿児島は第二の地元のようなもの。行くと、ものすごい歓迎を受けてしまうので、簡単に行くことはできないのです」と説明があった。鹿児島は、小泉氏の父で、防衛庁長官などを歴任した小泉純也氏の故郷だった。

吉原氏の計らいで、藤田氏は翌日、細川氏と会うことができた。

「これでもう、ご満足いただけたかと思ったのですが」

吉原氏は苦笑しながら、その時のことを振り返る。

それでも藤田氏は諦めなかった。八月末、幼稚園の保護者や寺の住職ら、原発再稼働に疑問を持つ仲間たちと、勤務先の幼稚園で再稼働に反対する集いを開く。ゲストとして招いたのが吉原氏だった。

一一月一一日に再び集会を開いた際、仲間たちが吉原氏に小泉氏の講演を改めて依頼した。吉原氏は、城南総合研究所の名誉所長に就任していた小泉氏に掛け合った。

小泉氏の返事は「いいな」だった。

ゴーサインをもらった藤田氏は、仲間十数人と「大切な歴史のふるさと鹿児島を考える会」を結成した。「再稼働反対」を強調しすぎるとよくないと考え、吉原氏と相談のうえ、主催者名に「歴史」や「ふるさと」といった言葉を入れ、保守層にも受け入れられるように工夫した。

「考える会」はネット上での告知や口コミ、県政記者クラブへの案内などを通じて参加者を募り、会場代は城南信金が負担した。こうして集まったのが、九〇〇〇人の聴衆だった。

間近に迫る川内原発の再稼働。小泉氏の演説は熱を帯びた。

「公共事業をやれば産業廃棄物が出る。ゴミの捨て場所を見つけない限り、産廃業者をつくることはできない。許可権を握っているのは都道府県知事だ」

鹿児島県の伊藤祐一郎知事は前年の一一月、川内原発の再稼働に同意を表明した。それを踏まえて小泉氏は、産廃問題を例に挙げ、使用済み核燃料の最終処分問題について、知事や国、九州電力の責任を追及した。

「核のゴミは産廃以上に危険だ。捨て場所がないのに、なぜ国は許可するのか。そう思いませんか？」。

小泉の問いかけに、会場から拍手がわき起こった。

このころ、安倍政権では、春先に決めた「エネルギー基本計画」をもとに、将来の電力の具体的な利用方針について定める「エネルギーミックス（電源構成）」の議論が佳境を迎えていた。

講演会終了後の記者会見。経産省が二〇三〇年度の電源構成で、原発の比率を二〇～二二％との原案を示したことについて、記者から質問が飛んだ。

小泉氏は「原発を維持したいために、自然再生エネルギーを拡大していくのを防ぐ。そういう意図としか感じられませんね」と批判。原発に回帰する安倍首相を、自らの後継者として指名した経緯について問われると、「政界はね、敵と思った人が味方にもなるし、その逆もあり得るしね。その立場に立てば、考えが変わる場合もあると思いますよ」と語った。記者会見は三〇分にもわたり、一六もの質問を受け付けた。

結局、川内原発一号機は八月に、二号機は一〇月に再稼働した。

それでも藤田氏はいま、こう考えている。

「再稼働はしたけど、小泉さんの講演を直接聞いて、あきらめず、安全なエネルギーで暮らしていける社会をめざしていこうという気持ちが強くなりました。周りもそうです。今は種火のような小さな火かもしれませんが、いつか大きな火になればいい。各地に灯火をつけて回る、そのための「国民運動」なのではないかと感じました」

講演会の会場で感想を書き込む用紙を配布したところ、五〇人から回答が寄せられた。

「電気料金が高くなるから再稼働もしょうがないと思っていたが、今日の小泉さんの話をきいたら、再稼働がなぜいけないのかよくわかった」という回答もあった。

藤田氏は五〇人分の回答を「文集」にしてまとめ、小泉、細川両氏に送り届けた。

経済人とのコラボ

一五年九月三日、神奈川県のＪＲ小田原駅近くにある「小田原お堀端コンベンションホール」で開かれた小泉氏の講演会。主催したのは、脱原発を求める中小企業が集う一般社団法人「エネルギーから経済を考える経営者ネットワーク会議」（エネ経会議）だった。

鹿児島市での講演会が市民との協働だったとすれば、経済人とのコラボレーションが小田原講演会の特徴である。

エネ経会議の事務局長、小山田大和氏は鹿児島市の講演会にも参加していた。「ぜひ、小田原でも」とその場で小泉氏サイドに依頼し、実現に至った。

エネ経会議の代表理事は、小田原市の「鈴廣かまぼこ」副社長、鈴木悌介《ていすけ》氏。講演会は鈴木氏が会頭を務める小田原箱根商工会議所と、脱原発を公言する加藤憲一市長の小田原市が後援し、行政と地元財界のトップが「公認」する集いとなった。

三・一一直後、小田原市の観光客は激減した。計画停電で自社のかまぼこ工場の操業にも支障がでた。

鈴木氏は何よりも「蒲鉾《かまぼこ》は水が命。事故が拡大して小田原も放射能でひどく汚染されたら、蒲鉾作りは立ちゆかなくなる」と工場移転の可能性すら感じた。そして、「経済の大前提は安心、安全の普通な暮らしだ。安全でなく、安くもない、環境によくない原発はいらない。ない方がいい」と考えるようになった。

経済性を優先して原発再稼働を求める経済界の大勢に対して、鈴木氏は疑念を抱いた。そこで、二〇一二年三月に立ち上げたのが、このエネ経会議だった。加盟企業は全国各地に広がり、今では三五〇社ほどになった。参加企業内で省エネや再生可能エネルギーの導入を進めるため、情報共有を図ったり、講演会を開いたりしている。

小田原市は官民一体で脱原発、再エネ普及を志向しているため、講演会への関心の高さが際立った。

七月に講演会の告知を地元のタウン紙二紙に掲載すると、問い合わせ先にしていた小山田氏の携帯電話が鳴りやまなくなった。掲載日翌日には五〇〇人分の入場券があっという間に完売した。会場代や資料の印刷代を賄うため、入場料として一人千円を集めた。

政治家の講演会は、無料であっても人集めに苦労する。後援会に依頼したり、支持母体を通じて動員をかけたり……。有料の講演会にもかかわらず満席になるのは異例だった。

会場は老若男女で埋まり、制服姿の女子高生の姿もあった。用意した五〇〇席では足りず、報道陣を含めると五六〇人が集まった。

小泉氏はこの日の午前中に小田原入りしていた。

目的は、「鈴廣」など小田原の地元企業三八社が出資する「ほうとくエネルギー」が運営するメガソーラー施設を視察することだった。市内の山林一・八ヘクタールを切り開き、太陽光パネルが敷き詰められている。九八四キロワットの発電能力があり、年間四千万円強の売電収入をめざす。総事業費四億円のうち、一部を市民から出資を募っていて、二〇一六年度から八年かけて返済する計画だ。利回りは年二％を目標に掲げる。

説明を受けた小泉氏は感心した。

「一度お会いしたいと思っていた。小田原っていうのは、単に原発ゼロにしようというばかりじゃなくて、これを実践し、全国に広げようとしている。そのリーダーが鈴木さん」

小泉氏は講演の冒頭、鈴木氏たちの取り組みに触れた。そしてこう述べた。

「行動に移している、こういう方のお話を聞きながら、私もできるだけ原発ゼロの社会をめざして頑張ろうという気持ちが、また新たに湧いてきたような気がいたします」

泉田・新潟県知事「激励」の余波

福島第一原発事故からちょうど四年となる二〇一五年三月一一日夜のことだった。

小泉氏は、季節外れの大雪に見舞われた福島県喜多方市での講演会を終え、東京ステーションホテル内の中華料理店で細川護熙氏、元自民党幹事長の中川秀直氏、自然エネルギー推進会議理事で民主党元衆院議員の中塚一宏氏、城南信金の吉原氏らと歓談した。

「国民運動」の今後が話題となった時、小泉氏はある人の名を口にした。

「新潟は、泉田知事が頑張っているよな」

泉田知事とは、東京電力柏崎刈羽原子力発電所のある新潟県の泉田裕彦知事のこと。新潟県加茂市に生まれ、隣町の三条高校（三条市）から京都大学法学部を卒業。一九八七年に通商産業省（現経産省）に入り、産業基盤整備基金総務課長、出向先の国土交通省で貨物流通システム高度化推進調整官などを歴任し、岐阜県の新産業労働局長だった二〇〇四年に職を辞して、一〇月の新潟県知事選で初当選した。

泉田知事の名を全国にとどろかせたのは、第一次安倍政権末期の二〇〇七年七月、中越沖地震によって起きた柏崎刈羽原発での火災事故後の対応だった。

東電は、三号機外の変圧器で起きた火災を、自前の自衛消防隊で消火できなかった。地震で配管が壊れ、水が出なくなったのが原因だった。また、地震で緊急対応室のドアがゆがみ、原発所員が中に入れなかったことから、新潟県庁と同原発をつなぐホットラインが使えなかった。泉田知事は、こうした不備を国や東電に指摘し、改善を求め続けた。

事故後、東電は柏崎刈羽原発と福島第一、第二原発に「免震重要棟」を建設した。消防車も配備されるようになった。

実際、免震重要棟は福島第一原発事故で、故吉田昌郎所長が陣頭指揮を執る最前線基地となる。福島第一原発の免震重要棟が完成したのは、事故のわずか八カ月前のことだった。

原発の安全対策の重要性について、泉田知事には「中越沖地震を踏まえ新潟県が言うべきことを言っていなかったら、今、東京に人が住めたかどうかも疑わしい」（『週刊エコノミスト』二〇一五年九月一日号）との自負心がある。

そんな泉田知事にとって、三・一一はその後の政治家人生を左右する大きな出来事となった。国や東電にとって、柏崎刈羽原発の再稼働が喫緊の課題となったからである。

メディアは次第に、「国・東電vs泉田知事」という構図で報じるようになっていく。泉田知事をモデルにして新潟県知事と国や電力会社との暗闘を描いた現役経産官僚の告発小説『原発ホワイトアウト』は、ベストセラーにもなった。

一〜七号機の合計出力が約八二一万キロワットと、世界最大の発電規模を誇る柏崎刈羽原子力発電所は、二〇一一年三月の福島第一原発事故後に定期点検に入って以降、稼働を停止している。福島第一原発事故の処理費用や被災者への賠償、被災地の除染……。

東電が負担する事故関連費用は五兆円を超えてもなお膨らみ続け、さらに原発を止めたために、代わりとなっている火力発電の燃料となる天然ガスや石油の輸入費が増加した。

被災者への賠償金や除染費用を一時的に肩代わりする国や、東電に巨額の融資を続ける金融機関にとっても、東電の経営問題を左右する「ドル箱」の柏崎刈羽原発の再稼働問題は、喫緊の課題となっていた。

そんななか、泉田知事はこの原発の再稼働に厳しい姿勢をとり続ける。

「原発の安全確保には福島第一原発事故の検証、総括が不可欠。それなしに策定された規制基準では安全性は確保できない」(二〇一五年四月、高浜原発差し止めの仮処分決定後に出されたコメント)というスタンスを貫いた。

新潟県は独自に福島第一原発事故を検証する目的で、「新潟県原子力発電所の安全管理に関する技術委員会」を設置した。「シビアアクシデント対策」「地震対策」「津波対策」「原子力災害発生時の情報伝達、情報発信」といった検討課題を掲げ、原発再稼働に批判的な委員も含め、活発な議論を展開している。

泉田知事は、二〇一四年一月に政府が認定した東電の新再建計画に、柏崎刈羽原発六、七号機の七月からの再稼働が盛り込まれている点についても厳しく指摘した。東電・廣瀬直己社長と会談した際、「株主責任も貸手責任も棚上げされた『モラルハザード』の計画だ。この枠組みは見直していただきたい」と求めた。

八月の定例記者会見では、原発周辺の自治体が新たに策定を義務づけられた避難計画で、避難手段として民間のバスが想定されていることについて「放射線量が高い地域に民間の運転手を入れられるのか」と疑問を呈した。

二〇一五年六月一五日昼、小泉・細川両元首相と泉田知事との極秘会合が設けられた。

セットしたのは、城南信用金庫の吉原氏だった。知事側との折衝で、「事前の告知は駄目」「取材なし」「事後の発表はＯＫ」という条件になった。

場所は、泉田知事が普段、要人との会食で使っているというＪＲ新潟駅近くのホテル内の日本料理店だった。

泉田知事は新潟県の郷土衣装、紺色の「塩沢つむぎ」を身にまとい、店の前で出迎えた。フロアに現れた小泉氏が右手で握手を求めると、泉田知事は両手で手を握り返した。知事は「この恰好でお出迎えしました」と頭を軽く下げた。

両元首相と泉田知事に加え、中塚氏、吉原氏ら計一〇人ほどが日本庭園の見える二〇畳の和風の個室に入った。

この席で、どんなことが話し合われたのか。

吉原氏によると、まずは新潟県の経済情勢がしばらく話題になった。そして、小泉氏が柏崎刈羽原発について「県民はどう思っている？」と水を向けた。

すると、泉田知事は「多くの県民は、事故が起こったら危険な原発に対して不安に思っている。私は、そういう県民の意向をくんで考えていきたい」という趣旨の返事をした。さらに、泉田知事はかねて持論とする「福島事故の検証、原因究明なくして再稼働なし」という考えを改めて強調したという。

小泉氏は、「大変だねえ」「頑張ってね」などと相づちを打ち、「打ち解けた雰囲気」（吉原氏）だった。

ただ、泉田知事は柏崎刈羽原発の再稼働そのものについて「いい、悪いは明言しなかった」という。泉田知事は再稼働に厳しいスタンスを取りつつも、その是非について踏み込んだことは、これまでにもない。それは、両元首相との会合でも同じだった。

吉原氏は「再稼働には前向きではなく、慎重だ」と読み取った。

この会合後、新潟市内の太陽光発電施設での視察を終えて、記者団の質問に応じた小泉氏は、泉田知事と会っていたことを明らかにし、その内容についてこう説明した。

「東電から十分説明がないと言ってましたね。情報をもっと開示すべきだと。安全対策にしても。地元の意見をよく聞かないとできないはずだと」

そして、柏崎刈羽原発の再稼働について直接の賛否を明言していない知事の対応について問われると、こう答えた。

「それは詳しいからね、泉田知事は。原発に。その再稼働の前段の説明がないと。本当に再稼働するのは大丈夫なのかと。まだそういう情報提供がなされていないと。相談もないと。判断する前段階だと。そういう話だった」

一方の泉田知事。この日の午前中の定例会見で、午後に行われる両元首相のメガソーラー施設の視察について、「商業用メガソーラー発電所を稼働したのは新潟県が全国第一号で、ＦＩＴ（再生可能エネルギーの固定価格買取制度）が導入される前のことでした。なぜか報道されてこなかったのですが、商業用メガソーラー発電所稼動の第一号は新潟県であることが伝わってくれると大変うれしく思います」とだけ述べた。

この会合には後日談がある。

会合の二日後、地元紙・新潟日報が二面のトップ記事で「極秘会談　臆測広がる」との見出しで大きく報道したことが波紋を広げたのだ。

極秘のはずだった会合の情報を、新潟日報だけが事前に把握し、会合が行われた日本料理店に記者が駆けつけていた。

上着を脱ぎ、白いワイシャツ姿の小泉氏が泉田知事と向かい合い、手ぶりを交えながら力説している写真も大きく掲載された。特ダネだった。記事は、再稼働を推進する自民党重鎮県議の「知事は自分の言い分を二人に聞いてほしかったのか。わが党にとっては面白くない」といったコメントを紹介していた。

再稼働に慎重な泉田知事に対し、自民党側が対立候補を擁立するとの臆測も流れるなか、二〇一六年秋に予定される知事選に微妙な影響を与える可能性がある、などと報じられた。

余波はさらに広がる。七月四日に予定されていた、「卒原発」を掲げる前滋賀県知事、嘉田由紀子氏と泉田知事との面会がキャンセルされたのだ。

この日、嘉田氏は社民党新潟県連合主催の勉強会で講師を務めた。社民党側によると、嘉田氏側が泉田知事との面会を希望し、調整の結果、面会の予定が入った。ところが、両元首相との会合が報道で明らかになった後、知事側からキャンセルされたという。事情を知る社民党県連合幹部は「自民党の大物県議が泉田知事にクギを刺したようだ」と明かす。

自民党県連は、原子力規制委員会の審査に通った原発の再稼働を容認するスタンスだ。県議会の過半数を占める第一党への配慮がうかがえる。原発再稼働への批判を繰り返しつつも揺れる、泉田知事の胸中を象徴するかのような出来事となった。

「市民派」との連携

最近、小泉氏の脱原発「国民運動」に新たに加わった人がいる。

数々の経済事件で勝訴してきた敏腕弁護士で、脱原発弁護団全国連絡会代表として反原発運動を主導する河合弘之氏である。

長年、脱原発運動に取り組んできた河合氏は三・一一後、東電元幹部に対して原発事故の刑事責任を問う「福島原発告訴団」で弁護団長の一人を務める。二〇一五年四月には高浜原発の運転禁止の仮処分を初めて勝ち取った。

この年の一一月四日、小泉が名誉所長を務める城南信金で「自然エネルギーシンポジウム」が開かれた。シンポを締めくくる挨拶に立った河合氏は、自虐的にこう述べた。

「脱原発を言うと、今まで共産党だの、赤じゃないのと言われていた」

人権派、環境派を自認する河合氏。市民派が訴える脱原発はどうしても「少数派の主張」（河合氏）とみられてきた。

本来は右も左もないはずの原発問題を、国民の大多数を占める保守層にどう理解してもらうか――。河合氏が長年、悩んできた課題だった。

そんな河合氏にとって、小泉氏が三・一一後に宗旨替えし、原発ゼロを唱えるようになったのは大歓迎だった。シンポでの挨拶で、「栄光のうちに辞めた名首相が脱原発を言うのは、メチャクチャ大きい。脱原発は人権派、環境派だけでは実現しない。自民党、保守勢力が脱原発をやってくれないと絶対にうまくいかない」と力説した。

河合がふだん扱っている案件で顧客となるのは、中小企業の経営者が多いという。

彼らの多くは福島第一原発事故後も、「河合さんの言った通りにしたら、電力が足りなくなっちゃうんじゃないか」などと言い、河合の訴えに耳を貸さなかった。だが、小泉氏が原発ゼロを主張するようになってからは、「小泉さんが言っているなら脱原発の方が正しいかもしれない」との声が多く寄せられるようになったという。

「ずっと同じこと「を」僕も言っている。小泉さん「が」言っている、ということが重要なんです」と河合氏は話す。

小泉・細川両元首相が闘った二〇一四年二月の東京都知事選で、河合氏は「勝手連」として細川氏を支援した。この時、河合氏は小泉氏と接点を持つことができなかった。聴衆の一人として小泉氏の演説を聴くくらいしかできず、単なる「片思い」にすぎなかった。

その後も河合氏はあの手、この手で小泉氏にアプローチした。それでも、なかなか会うことがかなわなかった。「ものすごくガードが固かった。僕みたいな革新には「気をつけた方がいい」と言われていたんだろう」と振り返る。

悲願だった面会が実現したのは、二〇一五年六月になってからのことだった。

仲介したのは小泉、河合の両氏に面識があり、『小泉純一郎「原発ゼロ」戦争』『逆襲弁護士　河合弘之』などの著書がある作家、大下英治氏だった。

河合氏によると、大下氏は自身の河合氏に関する著作を小泉氏に贈った。そのころ、河合氏らは高浜原発の運転禁止の仮処分を勝ち取った直後でもあり、小泉氏は河合氏に関心を持ち、大下氏を交えた三人の会合が実現した。

三人が顔を合わせたのは二〇一五年六月一六日夜。小泉・細川両元首相が新潟県・泉田知事との会合を持った翌日のことだった。

場所は、東京・赤坂にある小泉氏行きつけの割烹「津やま」。二〇〇一年に自民党総裁選への出馬を宣言するなど、小泉氏の政治家人生において重大な決断をしてきた「現場」である。

小泉氏は指定席となっている小上がりに陣取り、河合、大下両氏と四時間も酒を酌み交わした。河合氏が運転禁止の仮処分が出た高浜原発など裁判の話をすると、小泉は「おもしれー、おもしれー」と一生懸命聞いていたという。

二人は一気に意気投合し、小泉氏から「河合さんが立候補するなら、応援演説、一回や二回はやるよ。細川さんの時みたいにつきっきりはできないけどな」と軽口も飛び出した。

この会合以降、小泉氏は河合氏との連携を深めていく。

その第一弾となったのが二〇一五年九月一六日、松山市での講演会だった。

使用済み核燃料の問題、原発の危険性、コスト、再生可能エネルギーの可能性……。小泉氏は「原発ゼロ」論を一時間余り話した後、壇上に河合氏を呼び、会場を埋めた約六〇〇人の聴衆に紹介した。

河合氏はこう訴えた。

「電力会社も原発止めて、自然エネルギーが儲かる。そのためには小泉さんを先頭にして国民運動をつくっていこうではありませんか。いろんなところで演説していただくことが僕たちの励みになるし、それぞれの地域で自然エネルギーの人たちが勇気づけられる」

続いて発言した小泉氏の口からは、これまでにない言葉が飛び出した。

「私でなくて、皆さん一人ひとりが先頭なんです。諦めちゃいけない。諦めずに粘り強く。継続は力なり。この原発ゼロ運動、市民一人ひとりが立ち上がる。一人でもやっていこうという熱意を持ってね、この原発ゼロ運動を続けていこうではありませんか」

首相時代、米国のイラク戦争開戦に対していち早く支持を表明し、自衛隊の派遣も決めて、市民派から批判を浴びた。「小泉改革」で進めた規制緩和で広がった「格差問題」も市民派から批判の的となった。

そんな小泉氏が口にした「市民」との連携。講演会終了後の記者会見では、安倍政権の進める安保法制に反対する各地のデモについて問われ、「自分の思うところを発言し、行動することは民主主義の社会においては当然ですし、いいことだと思いますよ」と肯定的に答えた。

ただし、小泉氏の言う「市民」との連携は、あくまで「原発ゼロ」に限定した話である。市民派との連携はどこまで進むのか。

東京都知事選を細川氏と争い、当選した舛添要一氏に次ぐ二位となった元日本弁護士連合会会長で弁護士の宇都宮健児氏は、少し違った考え方だ。

「脱原発ではいろいろ運動は協力してもいいが、全体の一部であって、彼らにおんぶにだっこでは先が見えている。脱原発や憲法擁護を叫びつつ、選挙では国民の考える課題に向き合う脱原発候補が必要だ」

また、あまりに「市民派」を強調しすぎると、かつての脱原発派がそうであったように、小泉氏の「国民運動」＝「左翼」とのレッテル貼りをされてしまう危険性もつきまとう。小泉氏と「市民派」との距離感は微妙な問題をはらんでいる。

とにもかくにも、小泉氏を味方につけた河合氏は意気軒高だ。

自身がメガホンを取り、原発事故の背景や避難者の苦しみを描いたドキュメンタリー映画『日本と原発　私たちは原発で幸せですか？』は、北海道から沖縄県まで全国各地で自主上映会が催された。上映回数は一千回以上、来場者はのべ六万五〇〇〇人に達した。入場料収入は四千数百万円にのぼり、制作費はすべて回収できた。

河合氏は第二弾として『日本と原発　4年後』を制作した。第一弾を土台に、新たに小泉氏の講演シーンなどをつけ加えた。第二弾は二〇一五年一〇月一〇日から二〇日間、東京・渋谷の映画館でまず上映され、好評につき一一月七日からアンコール上映も始まった。

一一月四日にあった城南信金での「自然エネルギーシンポジウム」では、河合氏の新作映画を三〇分にまとめたダイジェスト版が流された。

河合氏は「日本の原発の問題点、論点、三十数点全部入れている。日本の原発の問題点を完璧に理解できる映画です」と力を込めた。

大間原発を訴えた函館市長と会談

「今度は函館市長に会いに行こうか」

新潟市で泉田新潟県知事との会談を終え、東京へ戻る上越新幹線の車中。上機嫌の小泉氏は、早くも次なるキーマンの名前を口にした。北海道函館市長、工藤寿樹《としき》氏のことである。

工藤市長は、地元の函館ラ・サール高校から早稲田大学法学部を卒業。函館市役所に勤め、副市長から二〇一一年四月の市長選で現職を破り、初当選した叩き上げだ。

「渦中の人」となる契機は、二〇一四年四月。対岸にある青森県大間《おおま》町《まち》で建設中の大間原発について、国と電源開発(J-POWER)を相手取り、建設差し止めを求めて東京地裁に提訴したことだった。原発差し止め訴訟で自治体が原告となるのは初めての出来事であり、大きな注目を集めた。

福島第一原発事故後、放射能の汚染が広範囲に広がった教訓から、防災対策を行う範囲は、事故前の原発半径八〜一〇キロから三〇キロへと広がった。大間原発から最短で約二三キロにある函館市も、新たに住民避難計画の策定を義務づけられた。

一方、原発の稼働を認めるか否かの権限は、原発立地自治体の首長と議会以外には認められていない。事故が起こった場合、被害を受ける可能性があるのに、原発の稼働にはモノが言えない——。住民の生命と財産を守る責任のある立場として、工藤市長は理不尽さを感じた。

二〇一四年七月三日の初公判での意見陳述で、工藤市長は次のように問題点を列挙した。

「国や事業者は、三〇キロ圏内の市町村には、説明会や意見を言う場を設定しない、ましてや建設の同意を求めるということを一切行わず、無視している。（中略）五〇キロ圏内の人口は、青森県側が約九万人に対し、北海道側は約三七万人ですが、北海道側の意見は、全く無視されています。ひとたび原発事故がおきれば、自治体の境界は全く意味をなしません。北海道と青森県で対応が異なることは理解しがたい」

「実効性のある避難計画の策定が可能な地域かどうか、原発の立地に適した地域かどうかを改めて検証することもなく、また、原発の建設に関する手続きや手順を福島の事故を踏まえ改めて見直すこともなく建設続行するのは、極めて横暴で強圧的なやり方だ」

工藤市長は、ほかの原発とは異なる大間原発の事情も指摘しながら、安全性に疑問を投げかけた。

「ウランよりも非常に毒性が強いプルトニウムとウランとの混合燃料を全炉心で使う世界初のフルモックスの原子炉だということです。通常の原発以上に制御が難しく、万が一の事故の場合には、比較にならないほど、大きな危険性があることを指摘されております」

「大間原発の北方海域や西側海域には、巨大な活断層がある可能性が高いといわれている」

「大間原発が面している津軽海峡は国際海峡であり、領海が通常の一二海里（二二キロ）ではなく、三海里（五・五キロ）しかないことです。国籍不明船であろうがどのような船でも自由に航行でき、時速数十キロの能力のある高速艇であれば、あっという間に原発に突入することができるという、テロ集団にとって格好の位置に建設されております。標的にされやすく、安全保障上、世界で最も大きな危険性を抱えた原発」

「安倍首相は、「原子力規制委員会が定めた世界で最も厳しい安全基準を満たさない限り、原発の再稼働はない」と述べる一方、原子力規制委員会の田中委員長は、「規制委は新基準への適合性を審査するだけで再稼働の是非の判断はしない」「規制委は〝絶対に安全〟とは言っていない」と述べております。原発再稼働の判断をめぐって政府と原子力規制委員会が責任を押し付け合い、事業者は、経済性を優先し、確実な安全・安心から目をそらしています。そもそも、福島第一原発事故では、誰も責任を取っておりません。このような無責任体制では、福島のような原発事故が繰り返されてしまいます」

定数三〇の函館市議会は、全会一致で市の提訴に賛成（二氏は採決時に退席）した。退席した二氏のほか、賛成した市議の中にも原発容認派は含まれる。工藤市長は提訴を「脱原発」「反原発」とは切り離し、大間原発の建設差し止め問題に絞ることで、議会とのコンセンサスを形成し、「オール函館」の態勢を築きあげた。現実的な対応力に長ける、保守系首長らしい手法である。

一方で、国や電力会社など原発推進勢力にとって、大間原発は極めて重要な意味合いを持つ。

工藤市長が意見陳述で指摘したように、大間原発は使用済み核燃料を再処理して取り出したプルトニウムとウランの混合酸化物（ＭＯＸ）燃料を一〇〇％使う世界初の「フルＭＯＸ原発」を目指している。

当初計画されていた「高速増殖炉サイクル」は、中核的な役割を果たすはずだった高速増殖炉「もんじゅ」が一九九五年にナトリウム漏れ事故を起こしたことで、事実上破綻した。そこで、ＭＯＸ燃料を通常の原発の燃料として使う「軽水炉サイクル」で、使用済み核燃料から取り出したウランやプルトニウムの「消費」を進めていく方向に転換した。

核兵器の材料ともなりうるプルトニウムの保持に対し、国際社会から厳しい視線が注がれるなか、ＭＯＸ燃料を比較的多く消費することとなる大間原発の稼働開始は、原発推進派にとって悲願なのだ。

二〇三〇年代の脱原発方針を決め、原発の新増設を認めない方針を打ち出した民主党政権下でも、経産省は建設中の大間原発を含む三基の原発については例外的に稼働を容認する方針を示していた。

小泉氏と工藤市長との橋渡し役となったのは、弁護士の河合弘之氏だった。

初対面で意気投合した六月一六日夜の会合で、小泉氏は「工藤さんて凄いんだよね。自民党の基盤で当選してるのに、大間原発反対で訴訟を起こしている」と函館市の訴訟に触れた。

「俺、あっちに行くから、河合さん、段取りを取ってほしい」と河合氏に頼んだ。

河合氏が後日、工藤市長側に電話し、小泉・細川両元首相の函館行きが決まった。

小泉氏は当初、「大間原発の前まで船で行って、見よう。そうすればシャッターチャンスになる」と海上からの視察に乗り気だった。ただ、波が高くなる季節でもあり、それは見送られた。

二〇一五年一〇月二九日昼。函館市役所の正面玄関に小泉・細川両元首相、中川秀直氏、河合氏らが乗るワゴン型の貸し切りタクシーが横づけされた。

カメラのフラッシュを浴びながら、一行は市庁舎に入っていく。

意見交換の場となる六階の市長会議室に通されると、小泉氏は「あなた保守？　大したもんだねえ」と工藤市長に声を掛けた。

工藤市長は「右も左も原発にはありません。大変、心強く思っています。ぜひ大間原発の凍結に力をお貸しいただければと思います」。

当初は報道陣にも公開して意見交換する予定だったが、小泉氏が「もう、いいでしょ」と記者、カメラマンに退室を促し、会談は「密室」で行われることになった。この会談に臨む小泉氏の「本気度」がうかがえた。

意見交換は三〇分近く続いた。小泉氏らは八階に移動し、市役所の窓ガラス越しに望遠鏡で対岸にある大間原発を視察した。その後、廊下で記者団とのぶら下がり記者会見が始まった。小泉氏の左隣には、工藤市長が寄り添った。

記者団からは、脱原発・反原発とは一線を画したうえで大間原発の差し止め訴訟を行っている工藤市長と、「原発ゼロ」を掲げた国民運動を展開する小泉・細川両元首相との微妙な「温度差」を念頭に置いた質問が続いた。

記者が工藤市長に「両元首相と会って、どういう感想ですか？」と尋ねると、市長はこう答えた。

「大変、強力なお二人ですから、応援していただくことを、市民も非常に今日、関心を持っています。裁判でただ弁護士さんと一緒に闘うだけでなくて、世論を盛り上げていくというのが必要だと思いますから、私もできるだけ全国的に発信していきたいなと思います。久しぶりにこれだけの皆さんに囲まれたのも、お二人のお陰だと思います」

提訴先を函館地裁ではなく東京地裁としたのは、函館の訴えを全国に発信したい、との工藤市長の思いがあった。その意味で、発信力抜群の小泉氏との意見交換がメディアに取り上げられることは大歓迎であった。

これに小泉氏が言葉を継いだ。

「工藤市長のお話をうかがって、原発推進論者たちがどうしてもこの原発を動かさなければならないとしている理由が分かった。推進論者が大間原発を稼働させたいのは、プルトニウム、さらに処理したフルＭＯＸの燃料を使える原発だから力を入れている。大間原発っては、日本の原発全体に関わってくる重大な問題だと再認識した」

小泉氏が原発ゼロ派に転じた最大の理由として挙げている、「核のゴミ」問題。使用済み核燃料から取り出したプルトニウムを再利用するＭＯＸ燃料を使う予定の大間原発だけに、この問題はことさら小泉氏の琴線に触れたようだ。

小泉氏は「できないようなことを計画して、目標にしている。原発を導入した時と似ていますね。いずれ放射能を少なくする技術が確立するといってても五〇年、六〇年たってもできない」と皮肉った。

続いてホテルで行われた小泉氏の講演会には、八一一人が集まった。小泉氏は一時間半にもわたる講演を工藤市長へのエールで締めくくった。

「工藤市長ね、頑張って。大間の原発を阻止するということは、単なる大間の問題じゃない。原発運動に大きな影響を与える問題だと思って頑張っていただきたいと思います」

息子、進次郎よ

安倍政権が長期政権となりつつあるなか、カリスマ的な人気を誇った元首相とはいえ、すでに政界を引退している小泉氏の「原発ゼロ」国民運動には限界があることも事実だ。

いまや将来の総理候補と目されるようになった次男・小泉進次郎衆院議員が、父の「原発ゼロ」を引き継ぐことはあるのだろうか――。

原発回帰に傾く安倍政権とは一定の距離をとり続ける進次郎氏にも「脱原発に取り組んで

ほしい」という期待が、脱原発派には根強くある。私たちの小泉氏へのインタビューで、進次郎氏が今後、原発問題にどう取り組んでいくと思うかを尋ねた。

小泉氏は多くを語らなかったが、「私がね、講演しているのを聞いているね。インターネットとかYouTubeとかで聞けるんだってな。まあ、聞いてりゃいいと」と明かした。

小泉氏の各地での講演は、城南信金がインターネット上に動画をノーカットでアップしている。それを見ているというのだ。「たまに食事する時には、そういう（原発の）話をするが、ああやれ、こうやれ、とは私は言わない」。

一方で、「原発の問題は離れられないから」とも強調した。小泉氏は、進次郎氏にとっても原発問題は今後も大きなテーマであり、逃れることができないと考えているようだ。

一時代を築いた政治家と、その跡を継いだ息子。一体、どんな親子関係なのだろうか。

進次郎氏は二〇一四年八月、福島県会津若松市の会津大学で行った中学生向けの講演で、父との関係について語っていた。

「金帰火来」が常の国会議員。小泉家の場合もご多分に漏れず、父子が神奈川県横須賀市の自宅で一緒にすごすのは、「週に一回あるかどうか」だった。進次郎氏が小学校一年生の時には両親が離婚。進次郎氏は小泉氏と、小泉氏の実姉・信子氏によって育てられた。多感な中学生時代、進次郎氏は父から聞いた「二つの言葉」に大きな影響を受けたという。

まずは、中学二年生の時のことだ。進次郎氏は「自分の人生の中でも、おそらくあれが分かれ道だった」と振り返る出来事があった。担任の教諭との三者面談である。進次郎氏の中学生時代、小泉氏は最初の自民党総裁選に立候補するなど、多忙を極めていた。

「最初で最後、父親が来てくれた」面談だった。その場で教諭は、「進次郎君にはもう少し、クラスの中でリーダーシップをとってもらいたい。お父さんからも言ってくれませんか」と小泉氏に求めた。進次郎氏が常々、この教諭から諭されていたことだった。進次郎氏は内心、「僕自身、やりたくなかった。でも嫌だとは言えなかった。お父さんが何と言うかな」と思った。

小泉氏の答えはこうだった。「先生。私は、進次郎はそのままでいいと思います。私も父が政治家だったから、進次郎の気持ちはよく分かる。いいことをしても悪いことをしても目立つ。だったら前に出ないようにするだろう」。

進次郎氏は「私が思っていることをそっくりそのまま言ってくれた。すごくうれしかった」とその時の気持ちを振り返った。

「偉くなるほど一緒になる時間が少ない。週末に一回あるかどうか。時々電話」するくらいの関係だったのに、自分の気持ちを完全に理解してくれていた父。父への信頼感が格段に増した。

進次郎氏は「自分に自信が持てるようになった。それがなければ、思い立ったことを行動する、行動力につながらなかった。中学校二年生の時の父親の言葉は決定的に大事だった。もし「先生がそう言っているから、もっとリーダーシップを発揮しなさい」と言っていたとする。いまごろ政治家になっていたか、分からない」と話した。

二つ目はその翌年、中学三年の夏休みのことだった。

野球に明け暮れていた進次郎氏は「野球以外のことをやってみよう」と決意する。「働くってどういうことか、お金を稼ぐことになぜかすごく興味」があり、小泉氏に「バイトがしたい」と申し出たのだった。

父は「新聞配達だったらいいぞ」と条件つきで認めた。なぜ新聞配達ならＯＫなのか理由は語らなかったが、そもそも、中学生の「求人」はほかになかった。人生初のアルバイト先は、近所の新聞販売店に決まった。

深夜〇時に起きて、真っ暗ななか、販売店に向かう。配達エリアごとに新聞を仕分け、広告を折り込む。そういった準備作業を終えると、重たい新聞を前後に載せた自転車のペダルをこいだ。慣れるまでは、朝の七時をすぎても配り終えることができなかった。

そこから息つく間もなく野球部の練習へ。練習が終わるのは夕方六時ごろで、帰宅して夕食を食べ終えると、もう七時か八時。数時間の睡眠で、また新聞配達に向かう、という生活を一カ月半続けた。

バイト代は貯金し、「大切に手をつけず、ずっととっておいた」という。進次郎氏は「経験から分かったことがいっぱいある。新聞が届くのは当たり前じゃない。そしてお金を稼ぐことがいかに大変か」と振り返った。とかく「代議士の息子」としてちやほやされがちな立場。厳しく育てようという父の思いがにじんだ「新聞配達なら」という一言だったのだろう。

子ども時代を振り返ると、「周りの親戚が父に対して、進次郎も（兄で俳優の）孝太郎も全然、勉強しないからもっと勉強しろ」と言うほど、父は学業面では放任主義だった。ただ、「日本のことを知りたいと思ったら、日本にいたら分からない。外に行かないと分からない」と何度も父に言われたことを進次郎氏は覚えている。

野球に明け暮れた日々は、関東学院大学六浦高校時代に春はベスト八、夏はベスト一六まで進出したことで終止符を打つ。得意だった英語力を伸ばそうと英会話教室に通ううち、「父の勧め」が頭をもたげた。次なる夢として、留学を目指すようになる。

関東学院大学を卒業後、米コロンビア大学大学院に留学した。身につけた英語力を生かして政治学の修士号を取得後、シンクタンクの戦略国際問題研究所（ＣＳＩＳ）に非常勤研究員として勤務した。このころには政治家を志望するようになっていた。

海外で「素晴らしいところがたくさんあるのに、どうして十分に生かされないのか。政治家として日本のよさを自覚して、日本に生まれてよかったと思えるように全力を尽くしたい」という考えを育んでいった。

そして、父が引退した二〇〇九年衆院選で初当選を果たした。

父と同様、進次郎氏にとっても、二〇一一年三月の東日本大震災、福島第一原発事故は、政治家として転機となった。

父が首相時代に原発を推進した「罪」に気づき、原発ゼロの「国民運動」に向かうきっかけとなったのに対し、進次郎氏にとって三・一一は、自らの世代が果たすべき「責任」と向き合う契機だった。震災当時、進次郎氏は自民党青年局長だった。被災地支援を行うプロジェクト「TEAM-11」を立ち上げ、毎月一一日に同僚議員を伴って被災地入りし、被災者との交流を深めた。

進次郎氏は会津大での講演で、印象的な出来事を紹介した。震災当時中学三年生だった宮城県石巻市の女子中学生「さやかさん」の話だ。

あの日、家族とともに自宅にいたさやかさんは家もろとも津波に流され、気を取り戻すと瓦礫の上にいた。その下から母親の声が聞こえた。瓦礫がのしかかり、助け出すのは困難だった。津波の第二波が来るかもしれない。さやかさんは「行かないで」と言う母親をそのままに、やむなく体育館まで泳いで向かった――。
「戦争を知らない僕たちには、戦争に匹敵することだと思った。だから復興のために、これから四〇年、五〇年かかるかもしれない。福島の廃炉、きれいな更地にするまで見届ける責任があると思った。そしてさやかちゃんのように、しなくてよかった悲しみ、苦しみを持ちながら前に進む子どもたちのために、政治が何をしたか。あの時、政治が何をしたか、問われる時がくる」。進次郎氏は自戒するように語った。

進次郎氏の言う「責任」に、脱原発が含まれるのかどうか。安倍政権のような原発推進とは一線を画し、原発ゼロに一定の理解を示しつつも、「雇用、外交、世界の核不拡散などの論点、課題がある」とする進次郎氏。父のように原発ゼロを明言することはない。安倍政権の一員という立場もある。

二〇一一年七月一五日、民主党政権の菅直人首相が記者会見で「脱原発社会を目指す」と表明した。まだ当選一回生の野党議員だった進次郎氏は国会内で記者団に囲まれ、こう強調した。
「原発は減る。自然エネルギーは増える。いつか原発はなくしたい。これは共有認識になった。自民党としても脱原発という方向性を打ち出すべきだと思う」

その一方で、「いきなり一気に原発をなくすのは無理だが、段階的にどうするのかを議論した方がいい」とも指摘した。課題を解決しながら原発を段階的に減らしていき、将来の脱原発を目指す。野党議員の「気楽さ」もあってか、原発に対する自身の考えを最もストレートに表現した発言だった。

その後、自民党は政権に復帰し、進次郎氏も二〇一三年九月から復興政務官として政府入りする。その頃には「原発ゼロ」へと大きく舵を切っていた父と、原発回帰を強める安倍首相との間で、進次郎氏は板挟みになる。

進次郎氏は二〇一三年一〇月七日、名古屋市での講演で「自民党が誤解されていると思う部分がある。その一つが、自民が原発推進政党であるということ。これは違う」と強調した。この年夏の参院選で、自民党が「今後三年間、再生可能エネルギーの最大限の導入促進を行う」と公約したこととの整合性をとったものだが、父と安倍首相とのずれを埋めようという狙いが感じられた。

政府の一員として発言に制約があるなか、復興政務官としては福島第二原発の廃炉にこだわりをみせた。第二原発の廃炉は、復興政務官の本来の業務である「復興」の範囲内で発言できる性質のものだからだ。

福島県は、県内で脱原発を実現したうえ、二〇四〇年までに再生可能エネルギーだけで県内の電力需要を満たす計画を立てている。第二原発については、脱原発を求める県民世論を背景に、福島県議会と県内全五九の市町村議会が廃炉を求める意見書や決議を可決している。

二〇一四年三月一〇日、佐藤雄平県知事（当時）と福島県庁で会談した進次郎氏は、「廃炉の決定を早くすべきだ」と言及した。記者団にも「決める人が決めれば決まる」と述べ、暗に安倍首相に決断を迫った。だが、安倍首相ら政権幹部は、第二原発の廃炉は事業者である東電が判断すること、との姿勢を変えていない。

安倍首相との距離は微妙なままだ。進次郎氏は二〇一五年九月二五日付「神奈川新聞」朝刊のインタビュー記事で、集団的自衛権を認める安全保障関連法案への理解が広まっていない状況について「いくつかの原因をつくったのは自民党自身」と批判した。原発についても九月三〇日の都内での講演で「リスクや不安を感じることなく、経済の成長を阻害することもなく、どう原発をやめていけるのかという方向性で考えていくべきだ」と、父と歩調を合わせるような発言をした。直後に行われた内閣改造で、進次郎氏は二年あまり務めた復興政務官を外れた。

小泉氏の「国民運動」の母体となる「自然エネルギー推進会議」の賛同人となった金子勝氏は、小泉父子と原発について語る。

「安倍首相の次、その次を狙った時、どういうテーマで国民をひきつけるか。小泉氏は長期的な視点で息子の政権獲得のための行動をとっている。一番、人気の出るところを狙って世論をつかみ、権力をとり、維持する。安倍首相がやっている政策と正反対で、一番いいところは脱原発だから」

人生の本舞台

小泉氏が原発ゼロの「国民運動」を各地で展開する間、安倍首相は着々と原発回帰政策を進めている。

二〇一五年夏以降、九州電力川内原発（鹿児島県薩摩川内市）を皮切りに、四国電力伊方《いかた》原発（愛媛県伊方町）、関西電力高浜原発（福井県高浜町）の再稼働が決定した。首相自ら原発輸出のトップセールスを続け、同年七月には、三〇年時点の原発の比率を二〇〜二二％とする計画も決定した。再稼働はもちろん、将来の原発新増設すら視野に入れ、再び「原発国家」へと戻りつつある。「アベノミクス」によって回復基調にある景気や、野党のだらしなさも手伝い、国民から反発の強い原発再稼働を進めても、支持率には大きく影響していない。

小泉氏が再び、脱原発を掲げて選挙に関与することはあるのだろうか。「国民運動」に関わっている人たちの関心も、そこにある。インタビューでの答えは「それはもう、私の出る幕じゃないと思いますよ」。弁護士の河合氏も、小泉氏に同様の質問をぶつけたことがある。だが、答えは同じだった。

河合氏は「今は安倍首相の天下みたいなもんだから、少々のことでは蹴散らされる。簡単に政治に突っ込んでいかないで、党利党略と関係なくやれる、いろんな形での運動をしたいと考えているようだ。野党再編とか、脱原発新党とか、まったく射程距離に入っていないんじゃないか。あくまで自民党ＯＢとして脱原発を進める気だろう」と受け止めている。

「このパターンは郵政の時と同じだな」

そう感じているのは、「自然エネルギー推進会議」の運営委員を務めるソフトバンク前社長室長の嶋聡氏だ。

嶋氏は、民主党の衆院議員だった一九九九年五月、郵政民営化を求めて自民、民主両党などから一七名が参加した超党派の勉強会「郵政民営化研究会」の設立準備会で、小泉氏と会った。嶋氏の記憶では、自民党から参加したのは研究会の会長に就く予定の小泉氏一人だけだった。

「僕を見て、「やあ！」と声をかけてきて。小泉さんが自民党から六、七人連れてくるという話だったのだが……」

嶋氏は苦笑しながら、小泉氏の一匹狼ぶりを振り返る。

当時、自民党最大の集票力を持つ特定郵便局長会を抱えた最大派閥・平成研究会（旧田中派）が全盛の時代だった。小泉氏は郵政民営化を掲げて自民党総裁選に挑戦するも、橋本龍太郎氏、小渕恵三氏といった平成研の候補に連敗した。

この議連には活動の幅を自民党以外にも広げ、世間からの注目を集めることで影響力を高めようという狙いがあった。設立準備会の会場となった議員会館の会議室は報道陣でごった返し、「人をかき分けて中に入った」（嶋氏）。議連が一九九九年一二月に提言をまとめると報道され、小泉氏らは提言内容をまとめた『郵政民営化論』を出版した。

こうした活動を積み重ねるなかで、郵政民営化は小泉氏にとって「一丁目一番地」として定着し、「抵抗勢力」に立ち向かう改革者としてのイメージができあがっていく。

二〇〇一年の自民党総裁選では当時、人気絶頂だった田中眞紀子氏とタッグを組んで三度目の正直を果たした。〇五年の郵政選挙は「小泉劇場」と化し、自民党を圧勝に導いた。

「安倍首相は小泉さんと同じ「官邸主導」の政治手法だが、安倍首相は国会議員三、四百人を押さえようとする。小泉さんは国民に訴えて、世論を動かす、という手法だ。小泉さんは郵政が政治のテーマじゃない時代からやっている。郵政民営化と原発ゼロの国民運動は、オーバーラップするんですよね」と嶋氏。「本当に原発を止めようと思ったら国民運動だけでは止まらない。今年の参院選は勝負ですよ」と国民運動の「先」に期待を込める。

小泉氏が各地の講演会でしばしば取り上げる人物がいる。一八九〇（明治二三）年の第一回帝国議会から、二度の大戦をへて連続当選二五回。勤続六三年あまりで、「憲政の神様」とも称えられる尾崎行雄氏だ。

普通選挙の導入や軍縮を訴え続け、議会制民主主義の確立に力を尽くした尾崎氏。大正初期の第一次護憲運動では、犬養毅氏とともに先頭に立ち、「閥族打破・憲政擁護」を訴えた。尾崎氏らの運動は全国各地に広がった。二万人の群衆が国会を取り囲むなかで行われた尾崎氏の「弾劾演説」が効き、桂太郎首相はついに辞任へと追い込まれた。

戦前、民衆運動によって倒閣された唯一の事例で、小泉氏にとっては「国民運動」の先達とも言える存在である。

その尾崎氏が没する前年、九四歳の時に残した言葉がある。

「人生の本舞台は常に将来に在り」

これは、小泉氏もお気に入りのフレーズで、講演会ではこう語っている。

「私よりも二〇歳以上年をとっても、将来のことを思っていたんだ。自分の活躍する舞台はいつ来るか分からない。九〇すぎてもまだあるかもしれない。いつか、舞台を用意された時、活躍できるように勉強して、向上心を持ってやっていけるという言葉だと受け取っています」（二〇一五年五月一二日、都内での講演）

二〇一五年の国民運動は、原発問題が特に注目されている「ご当地」で展開した。原発事故のあった福島県では喜多方市、県内の原発が再稼働を間近に控えていた鹿児島市と松山市、二〇一六年春以降の再稼働が焦点となる東電柏崎刈羽原発のある新潟県、大間原発の建設差し止めを訴えた北海道函館市。

一一月一一日には、中部電力浜岡原発を抱える静岡県の静岡市で講演した。マグニチュード八～九の南海トラフ巨大地震が、三〇年以内に来る確率が六～七割とされ、全国の原発の中でもとりわけ危険性が指摘されている浜岡原発。

小泉氏は「浜岡原発は世界で一番危ないと言われている。しかも、三〇年以内にマグニチュード八が起こると。私が言ってるんじゃない、政府の中央防災会議が言っている。そこでまた再稼働させるなんて信じられない考え方だ」。七〇〇〇人余の聴衆から拍手が起こった。

そして、今後に向けての決意を示して講演を締めくくった。

「日本にある太陽、風、地熱、バイオマス。自然をエネルギーにする社会は世界が見習う。そう思っているから、私はこの運動、一人になってもやろうと思っている」

インタビュー篇

小泉元首相、かく語りき

「原発再稼働、間違っている」――小泉元首相インタビュー

小泉純一郎元首相（七三）が朝日新聞の単独インタビューに応じ、川内原発一号機が営業運転を再開するなど原発再稼働の動きが進んでいることについて、「間違っている。日本は直ちに原発ゼロでやっていける」と語った。政府や電力会社が説明する原発の安全性や発電コストの安さに関して「全部うそ。福島の状況を見ても明らか。原発は環境汚染産業だ」と痛烈に批判した。

小泉氏は首相在任中は原発を推進してきたが、東京電力福島第一原発の事故後、原発の危険性を訴え講演活動を続けている。小泉氏が報道機関のインタビューに応じるのは、二〇〇六年九月の首相退任以来初めて。インタビューは原発問題をテーマに九日、東京都内で行った。

小泉氏は、二〇〇七年の新潟県中越沖地震や一一年の東日本大震災など、近年、日本で大きな地震が頻発していることから「原発は安全ではなく、対策を講じようとすればさらに莫《ばく》大《だい》な金がかかる」と主張。原発が温暖化対策になるという政府の説明についても、「（火力発電で発生する）CO_2（二酸化炭素）より危険な「核のゴミ」（高レベル放射性廃棄物）を生み出

しているのは明らかで、全然クリーンじゃない」と語った。

原発再稼働を推し進める安倍政権に対しては「原発推進論者の意向に影響を受けている」と批判。今年三月、首相経験者による会合で安倍晋三首相に「原発ゼロは首相の決断一つでできる。こんないいチャンスはないじゃないか」と迫ったことも明らかにした。

米国と原発推進で歩調を合わせていることには「日本が「原発ゼロでいく」と決めれば、米国は必ず認める。同盟国であり、民主主義の国だから」と述べた。

原発ゼロを掲げる政治勢力を結集するための政界復帰は「まったくない」と否定。ただ、原発政策が選挙の争点にならない現状について「争点になる時は必ずくる。その時に候補者自身がどう判断するかだ」とし、原発ゼロの国づくりをめざす国民運動を「焦ることなく、あきらめずに続けていく。価値ある運動だ」と決意を示した。（関根慎一、冨名腰隆）

（二〇一五年九月一三日付朝日新聞朝刊一面）

「安全で、一番安く、クリーン。これ、全部うそだ」——小泉元首相、原発を語る

首相退任から丸九年。小泉純一郎元首相へのインタビューから感じられたのは、「原発ゼロ」社会実現への強い思いだった。「政治が決断すれば必ずできる」。予定時間を大きく超え、

約九〇分間にわたって小泉氏は語り続けた。

――川内原発一号機が再稼働しました。政府は福島の原発事故を教訓に再稼働の審査基準を厳しくしましたが、それでも「原発ゼロ」ですか？

「再稼働は間違っている。全国で原発が一基も動かない状態は約二年続いたが、寒い冬も暑い夏も停電しなかった。原発ゼロでやっていけることを証明した。政府はできる限り原発ゼロに近づけていくべきなのに、維持しようとしている。それが自然エネルギーの拡大を阻害しているんだ」

「政府は「世界で最も厳しい原子力規制委員会の基準に基づく審査をパスしたから安全だ」と言うが、（田中俊一）原子力規制委員長は「絶対安全とは申し上げない」と言っている。再稼働の責任はどこにあるのか曖昧《あいまい》な点が多い。米国などと比較して、避難計画やテロ対策で不十分な点はないのか。よく「世界一厳しい」なんて言えるなあ」

――小泉政権だって原発を推進していましたよね。

「原発事故が起きるまでは専門家の話を信じていた。でもね、自分なりに勉強して分かったんだよ。政府や電力会社、専門家が言う「原発は安全で、コストが一番安く、クリーンなエネルギー」。これ、全部うそだ」

「なぜうそか。例えば、新潟県中越沖地震や東日本大震災など、マグニチュード七前後の地震は最近十年でも頻繁に起きている。対策を講じようとすれば、さらに莫大《ばくだい》な金がかかる。いまだに家に戻れない福島の状況を見ても、原発がCO_2より危険なものを生み出しているのは明らかで、全然クリーンじゃない。原発は環境汚染産業なんです」

「かつて原発を推進してきた一人としての責任は感じている。でも、うそだと分かってほっかむりしていていいのか。論語にも『過ちては改むるに憚《はばか》ることなかれ』とあるじゃない。首相経験者として逃げるべきじゃない、やっていかなければと決意した」

◎――米国は平和利用を前提に核兵器の材料にもなるプルトニウムの活用を認めています。これによって「潜在的な核抑止力になる」との主張もあります。

「抑止力とか他国を牽制《けんせい》するような武器にはなり得ない。プルトニウムの保有は便益より損失が大きいと思う。そもそも核廃絶の時代なんだから、核兵器を持たなければならないというのが分からないね。米国だって核の問題を真剣に考えるようになってきている。もちろん廃炉プロセスは数十年かかるから、研究者の人材養成は大事だと思う」

「米国は、日本が『原発ゼロ』で行くと決めれば、必ず認めます。同盟国だからね。一部の推進論者は反対するかもしれないが、日本国首相と米国大統領が信頼関係のもとで話をすれば、米国は絶対に日本の意向を尊重する。それが民主主義国家同士の関係だ」

原発ゼロの実現、首相の決断一つ

○——安倍晋三首相は第二次政権発足時は「原発依存度を減らす」という姿勢でしたが、現在は原発維持・活用に傾いています。

「原発ゼロは首相が決断すればできるんです。彼もわかっていると思う。でも、原発推進派の影響を受けちゃっている。原発は電力会社だけでなく鉄、セメント、建設……、あらゆる業界が多大な資金を投じて推し進めてきた。その業界からの支援があれば言いにくい雰囲気があるのは、私も政治家出身だから分かります。でもそれを乗り越えて決断するのが政治だ。自民党が公約とは違う方向に進んでいるのは残念だね」

「三月に首相経験者の会合で、私は安倍首相に言いましたよ。『郵政民営化は全政党反対だったけど、原発ゼロは野党はみんな賛成だ。自民党だって首相が決めれば反対できない。こんないいチャンスはない。首相の決断一つでやれる国民的大事業だ』と。彼は苦笑いして聞いてましたね」

○——世論調査で原発再稼働を問うと、今も反対が賛成を上回ります。ただ、それが選挙の投票行動につながらない状況もあります。

「原発ゼロはまだ先の話だ」とか「他に大事な問題もある」と感じた人が多かったのかもしれない。自分の生活が原発と関係する人も少なくないでしょう。でも政府がどれだけ安全性を強調しても、いまだに高レベル放射性廃棄物の最終処分場は決まらない。国民は「今のままでは済まない時代がいずれ来る」とわかってますよ。原発ゼロが選挙の争点になる時は必ず来る。時代は変わります。その時、候補者自身がどう判断するかだろう」

○——次男の小泉進次郎衆院議員と原発を話題にすることはありますか。

「私の講演は、インターネットなんかで聞いているようだね。たまに食事する時などに話もするが、私からああしろこうしろとは言わない。自分で判断すればいいが、いずれにせよ原発の問題からは離れられない世代だ」

政界復帰はない、国民運動続ける

○——来年は参院選です。新たな政治勢力を結集するため政界復帰することは？

「もう引退したんだからまったくない、それはまったくないよ。でも、講演などを通じて国民運動はやっていきたい。原発をなくそうという動きは根強いよ。決して一過性じゃない。聴衆の雰囲気から、それがひしひしと伝わってくる。こういう運動は全員反対でもやるという決意と意欲がないとできない。焦ることなく、あきらめずに続けていく、価値のある運動だ」

再稼働を「勝負時」と見たか

「記者に原発問題について話して勝手に書かれたことはあるけど、こうやってインタビューを受けるのは、(首相を)辞めてから初めてだ」。小泉元首相は冒頭、こう切り出した。

私たち二人は、かつて小泉首相番記者として政治記者生活のスタートを切った。そのころ、小泉氏は原発を推進していた。ところが、東日本大震災による福島第一原発事故の後、原発ゼロに転向した。その理由を聞きたくて、インタビューを何度も申し込んだが、すべて断られてきた。

今回応じた理由を尋ねたが、それには直接答えず「まさか原発ゼロで出るとは思わなかった。不思議なもんだよ」と返した。

ただ、インタビューに応じたのは決して思いつきではないはずだ。今回、小泉氏が私たちに「会おう」と指定してきたのは九日。それは原発再稼働を推進する安倍晋三首相の自民党総裁再選が決まった翌日、川内原発一号機が営業運転を再開する前日だった。小泉氏にとって、このタイミングは「勝負の時」に映ったのかもしれない。

原発推進だった首相時代からの路線転換については「都合が良すぎる」「勝手な理屈だ」などと批判がつきまとう。もちろん、小泉政権時代も電力会社は安全対策を怠ってきており、行政トップとしての小泉氏の責任は免れないだろう。小泉氏自身、全国各地の講演で「責任は感じている」と必ず反省を口にする。

普段、永田町を取材している私たちから見れば、現職国会議員から「原発ゼロ」の機運は感じられない。そう伝えると、小泉氏は大きく首を振った。「国民が変われば、政治も変わる。自分一人でもやる」（関根慎一、冨名腰隆）

（二〇一五年九月一三日付朝日新聞朝刊四面）

あとがき

「小泉さんがインタビューに応じてくれました！」

冨名腰隆記者と関根慎一記者が、興奮さめやらぬ様子で連絡してきた。二〇一五年九月九日のことだった。二人が小泉純一郎元首相との約束を何とかとりつけ、この日に会うということも聞いていた。

だが、小泉氏が首相退任後初めてとなるインタビューに応じてくれたことに、私も正直言って驚いた。なぜなら、二〇一一年三月一一日の東日本大震災の直後、小泉氏にインタビューを申し込んで断られた経験が私にもあり、内心では「無理だろうな」と思っていたからだ。

内容について二人から報告を受けると、なんと見出しまで注文してきたという。それが、本書にもあるように、九月一三日付の朝日新聞朝刊に掲載された「原発再稼働　間違っている」「安全で、一番安く、クリーン。これ、全部うそだ」というものだった。

「小泉さん、人生最後の勝負に出ようとしているなあ」。私はワクワクした。

冨名腰記者は二〇〇五年四月から〇六年三月までの一年間、そして関根記者は〇六年四月から小泉氏が首相を退任する九月までの半年間、いずれも小泉政権終盤に、総理番から政治記者としての道を歩み始めた。政治部に異動になり、最初の取材対象が小泉氏だったことは、二人にとって、その後の記者人生に大きな影響を与えたのは間違いないだろう。

私自身も小泉政権時代、官房長官番として、あるいは、小泉氏の出身派閥である「清和政策研究会」担当として、小泉氏の言動を追い続けた。驚きの連続だった。なにしろ永田町の常識がまるで通用しないのである。

かつて私は、そんな小泉氏の政治手法を「小泉流の行方」という企画で分析を試みたことがある。小泉氏には年に一回のクリスマスデートを心待ちにしている女性がいた。作家の宮尾登美子さんだった。

出会いは九三年。「郵政民営化」が持論の小泉氏は郵政相になり、部下である官僚たちからサボタージュを受けていた。そのころ、宮尾さんは毎日新聞に小説「藏」を連載していた。小泉氏は大臣室で、「藏」を読むのが無上の楽しみだった。だが、連載が終了してしまう。そこで、小泉氏は毎日新聞に「ぜひ続編を書いてもらいたい」と投書した。ここから、二人のクリスマスデートが始まった。

「結婚しないの」「総理を辞めたら、結婚はしないけど恋はする」。そんな他愛もない会話を毎年クリスマスに楽しむ二人。宮尾さんは私に「魅力的な男なのよね、小泉さんは」と話していた。「非情の宰相」と言われ、政敵をなぎ倒していく一方、センチメンタルな面も時折のぞかせる小泉氏のことが、私にはなかなか理解できなかった。

そんな小泉氏が再び動き始めた。インタビューが朝日新聞に掲載されたその日に、感想を寄せ、出版を熱心に持ちかけてくれたのが、筑摩書房の石島裕之氏だった。巻末のインタビュー部分をのぞき、冨名腰、関根両記者がすべて書き下ろした。これまでの小泉ウォッチャーとしての集大成といえるものだ。

プロローグと第一章は冨名腰、第二章は関根、第三章は冨名腰、第四章は冨名腰、関根が担当した。石島氏は折に触れ、二人の記者を励まし、私たちに貴重なアドバイスをしてくれた。心から感謝したい。

二〇一六年一月二一日

朝日新聞政治部次長　南島信也

冨名腰 隆（ふなこし・たかし）
一九七七年、大阪府生まれ。同志社大学法学部卒業。二〇〇〇年、朝日新聞入社。静岡総局、新潟総局を経て政治部。他に特別報道チーム（現特別報道部）、国際報道部（中国留学）などに所属。政治部ではこれまで首相官邸のほか、自民党、民主党、公明党、財務省などを担当。

関根慎一（せきね・しんいち）
一九七八年、神奈川県生まれ。早稲田大学政治経済学部卒業。二〇〇一年、朝日新聞入社。新潟総局、長岡支局を経て政治部。小泉首相番を振り出しに自民党、民主党などを担当。二〇一一年の東日本大震災を契機に特別報道部、政治部で原発関連の取材を続けている。

小泉《こいずみ》純《じゅん》一《いち》郎《ろう》、最後《さいご》の闘《たたか》い
ただちに「原《げん》発《ぱつ》ゼロ」へ！

二〇一六年　二月二五日　初版第一刷発行

著者　朝日新聞政治部
冨名腰　隆・関根慎一

発行者　山野浩一

発行所　株式会社筑摩書房
東京都台東区蔵前二-五-三
〒一一一-八七五五
振替　〇〇一六〇-八-四一二三

装丁　木庭貴信＋岩元　萌（オクターヴ）

印刷・製本　凸版印刷株式会社

ISBN978-4-480-86442-0 C0031